Zoologia Neocaledonica

Volume 1

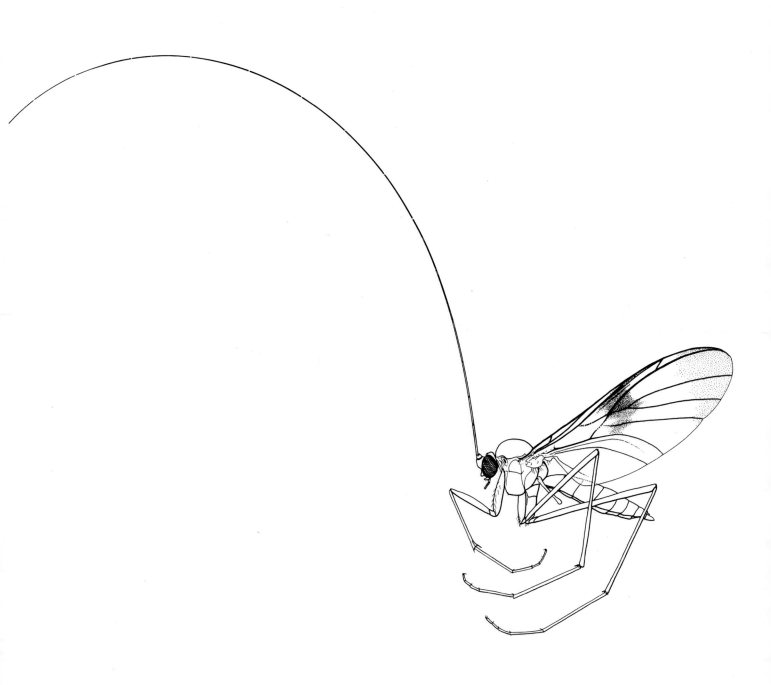

ISBN : 2-85653-163-6

ISSN : 0078-9747

© Éditions du Muséum national d'Histoire naturelle, Paris, 1988.

Illustration couverture : *Macrocera unicincta* Matile n. sp. (Diptera, Keroplatidae). Dessin Gilbert HODEBERT.

MÉMOIRES DU MUSÉUM NATIONAL D'HISTOIRE NATURELLE

SÉRIE A
ZOOLOGIE
TOME 142

Zoologia Neocaledonica

Volume 1

Coordonné par

Simon TILLIER

Muséum national d'Histoire naturelle
Laboratoire de Biologie des Invertébrés marins et Malacologie
CNRS UA 699
55, rue Buffon
75005 Paris
et
Centre ORSTOM, Nouméa

Publié avec le concours de l'Institut français de Recherche scientifique
pour le développement en coopération (ORSTOM)

ÉDITIONS
DU MUSÉUM
PARIS
1988

SOMMAIRE

CONTENTS

1

Introduction

Localisation des toponymes

Simon TILLIER

Muséum national d'Histoire naturelle
Laboratoire de Biologie des Invertébrés marins et Malacologie
CNRS UA 699
55, rue Buffon
75005 Paris
et
Centre ORSTOM, Nouméa

Dans sa remarquable synthèse des connaissances sur la biogéographie et l'écologie de la Nouvelle-Calédonie, HOLLOWAY (1979) cite cette phrase du botaniste THORNE, publiée en 1963 : « probably no richer nor more peculiar, archaic and endemic relict seed-plant flora can be found elsewhere compressed into such a small area ». Vingt-cinq ans après, on appréhende mieux encore l'originalité et l'intérêt scientifique de la végétation de Nouvelle-Calédonie, grâce en particulier à la publication des seize volumes parus à ce jour de la Flore du territoire par le Muséum national d'Histoire naturelle. Malheureusement la faune reste beaucoup moins bien connue, et les possibilités d'étude des phénomènes d'évolution que procure la situation exceptionnelle de la Nouvelle-Calédonie restent largement sous-utilisées. Dans le cadre de l'Action spécifique du Muséum, « Évolution et Vicariance en Nouvelle-Calédonie », et de l'axe de recherches de l'ORSTOM, « Dynamique des systèmes écologiques », la publication de ce volume tente de combler une partie de ces lacunes pour permettre l'exploitation scientifique de l'extraordinaire potentiel de la nature néo-calédonienne.

On explique généralement l'originalité des peuplements animaux et végétaux de la Nouvelle-Calédonie par deux facteurs : l'un est l'isolement ancien du territoire, au moins depuis le Crétacé, joint à une relative stabilité climatique ; l'autre est la mise en place d'une couverture de roches ultrabasiques qui, à la fin de l'Eocène, a recouvert la plus grande partie du territoire et a rajouté une barrière écologique à l'isolement géographique, avant d'être en grande partie érodée. Fragment de la bordure orientale du Gondwana proche du Queensland au Trias, la Nouvelle-Calédonie est considérée comme une partie de l'arc mélanésien interne, arc insulaire qui comprenait le sud de la Nouvelle-Guinée et probablement une partie de la Nouvelle-Zélande, et qui a été démembré par l'expansion de la mer de Tasman et de la mer de Corail au cours du Crétacé. La faune et la flore actuelles incluent sans aucun doute des constituants qui résultent

TILLIER, S., 1988. — Introduction. Localisation des toponymes. *In* : S. TILLIER (ed.), Zoologia Neocaledonica, Volume 1. *Mém. Mus. natn. Hist. nat.*, (A), **142** : 11-16. Paris ISBN : 2-85653-163-6

de l'évolution sur place d'un stock gondwanien, dont l'isolement en Nouvelle-Calédonie date au moins de l'Eocène et au plus du Trias. S'y ajoutent des éléments, dont certains transantarctiques, dont les ancêtres ont pu coloniser la Nouvelle-Calédonie soit grâce à des capacités de dispersion exceptionnelles, soit grâce à des « stepstones » temporaires mis en place par les mouvements complexes des fonds océaniques, des rides et des fragments continentaux dans le Pacifique sud-ouest. À partir de l'Oligocène, la mise en place de la couverture ultrabasique a créé un nouvel environnement, écologiquement séparé des environnements antérieurs par les caractères physico-chimiques de ses sols qui ont déterminé une barrière à l'abri de laquelle les taxons capables de s'adapter ont pu subsister jusqu'à nous et, pour certains d'entre eux, se diversifier. L'érosion partielle de cette couverture ultrabasique associée à la surrection générale du bâti géologique et à des gradients climatiques abrupts, détermine une structure en îles dans une île fascinante pour quiconque s'intéresse à la biogéographie et à l'évolution. Pour plus de précisions sur ce schéma général, on pourra se reporter :

— pour le cadre régional géophysique et biogéographique, à BALLANCE (1980) ;
— pour la géologie du territoire, à PARIS (1981) ;
— pour l'analyse biogéographique des peuplements végétaux, à MORAT et al. (1984, 1986) et à JAFFRÉ et al. (1988) ;
— pour une synthèse écologique et biogéographique dont le seul défaut est la toute relative ancienneté, à HOLLOWAY (1979) ;
— pour trouver une iconographie commentée de ces différents éléments, à l'Atlas de la Nouvelle-Calédonie (ORSTOM, 1981) ;
— pour localiser les toponymes, au fascicule de SUPRIN cité en référence et à la carte des toponymes cités dans ce volume, fig. 1.

Empiriquement, ma connaissance du terrain et de la répartition des Mollusques terrestres m'amène à distinguer deux grands ensembles d'associations d'espèces qui correspondent à ceux des botanistes : celui des faunes sur roches ultrabasiques et celui des faunes associées à d'autres substrats. Dans le premier, on distingue deux types d'environnements, forêt et maquis, et plusieurs sous-ensembles : les plaines du sud et le grand massif du sud, au sud d'une ligne Thio-Boulouparis ; l'extension du massif du sud le long de la côte est, de Thio à Monéo ; les prolongements occidentaux de cette extension (Mont Do, Table Unio, Mé Ori) ; les massifs de la côte ouest, Mé Maoya, Boulinda, Paéoua-Kopéto, Koniambo, Ouazangou-Taom, Kaala, Tiébaghi qui forment autant d'îles de roches ultrabasiques. Dans le second ensemble, se distinguent la faune des forêts humides du massif du Panié, celle(s) de la « chaîne centrale » non-ultrabasique au nord d'une ligne Thio-Bouloupa-ris, et celle des forêts sèches de la côte ouest et du nord. Un long travail de description et de reconstitution des modalités de l'évolution des taxons est nécessaire avant qu'on puisse reconnaître la validité de ce schéma d'ensemble, préciser celui-ci et tester les hypothèses sur l'histoire et l'évolution des peuplements.

Les forêts des basses altitudes constituent probablement l'environnement le plus menacé par les activités humaines : en particulier les forêts sèches de la côte ouest ont presque entièrement disparu. Leurs lambeaux sont dégradés à tel point qu'au moins un genre entier de Mollusques terrestres, le genre endémique Leucocharis dont la présence est attestée sur la côte ouest et aux îles Loyauté au début du siècle, semble presque éteint. Il est à craindre que cette disparition d'espèces d'assez grande taille ne soit que l'indice des extinctions beaucoup plus nombreuses des éléments d'une faunule jamais remarquée, ni étudiée. Les maquis sur roches ultrabasiques ont été ravagés par le feu, dont SARASIN (1917) signalait la menace pour l'environnement dès le début du siècle et dont la progression a été favorisée par les prospections minières des années 1960 : il n'y a guère que dans la presqu'île du Néponkoui, autour du Mé Aiu et peut-être sur la presqu'île de Bogota que je·connaisse de vastes étendues de maquis où la répartition régulière des Invertébrés du sol et de la litière indique la préservation complète du milieu. Moins combustibles, les forêts humides de moyenne et haute altitude semblent constituer l'environnement le moins menacé à moyen terme ; cependant j'ai été le témoin depuis une dizaine d'années de l'incendie et de la disparition de plusieurs lambeaux de forêt humide, peu étendus mais suffisants pour la perpétuation de la petite faune d'Invertébrés, que l'humidité de thalwegs et la chance avaient jusque là préservée.

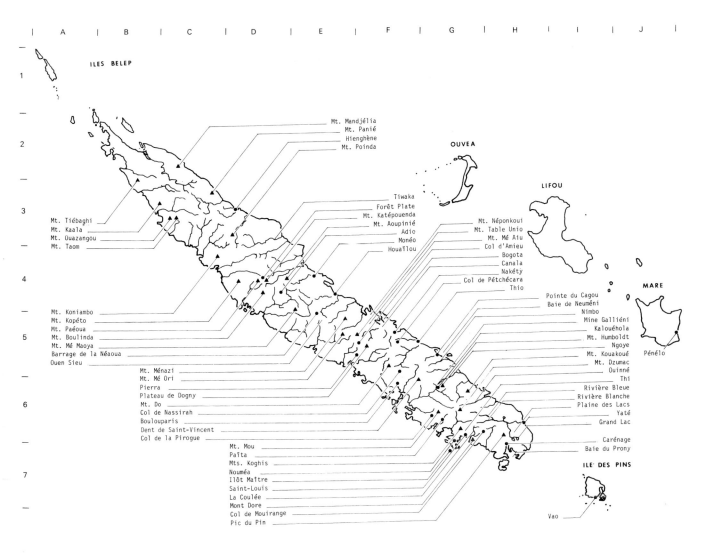

FIG. 1. — Carte des toponymes cités dans ce volume. Les noms sont indexés par ordre alphabétique, et les coordonnées sont celles de la carte.

On ne peut comprendre, même partiellement, l'origine et les modalités d'évolution et d'interaction des animaux et des végétaux dans les écosystèmes néo-calédoniens, que si les chercheurs peuvent s'appuyer sur une taxinomie moderne et stable : la révision de la faune est donc nécessaire, et ce d'autant plus qu'elle est indispensable à toute politique de gestion de milieux naturels originaux, fragiles et souvent menacés par les activités humaines. Encore récemment, notre connaissance de la faune néo-calédonienne était fondée sur des récoltes dont la plupart ont été effectuées entre 1850 et le début de ce siècle par des amateurs naturalistes, missionnaires comme les pères LAMBERT et MONTROUZIER, fonctionnaires, ou négociants. Cette phase d'exploration a culminé, mais s'est aussi terminée pour la plupart des groupes zoologiques, avec le voyage de récolte d'objets d'histoire naturelle effectué par Fritz SARASIN, explorateur et mécène du musée de Bâle, et Jean ROUX, conservateur pour la Zoologie de ce musée, de février 1911 à juin 1912 (SARASIN, 1917). Les résultats zoologiques, mais aussi botaniques, anthropologiques et ethnologiques, de ce voyage ont été publiés de 1913 à 1929 dans les neuf volumes de la série *Nova Caledonia* dont le sommaire est donné Tableau 1.

TABLEAU 1. — Sommaire des contributions à la série *Nova Caledonia* de SARASIN & ROUX, d'après l'exemplaire relié de la bibliothèque centrale du Muséum national d'Histoire naturelle (cote 113.377).

SARASIN, F. & ROUX, J. *Nova Caledonia*. C. W. Kreidel's verlag, Wiesbaden (1913-1918), Berlin et Wiesbaden (1920-1921), Berlin (1922-1925) et München (1925-1929).

A. ZOOLOGIE

Volume 1, 1913-1918

SARASIN, F., 1918. Vorvort zum Gesamwertke : V-VII.

Band 1, *Heft* 1, 1913

SARASIN, F. Die Vögel Neu-Caledoniens und der Loyalty-Inseln. 3-78, pl. 1-3.

Vol. 1, l. 2, 1913

ROUX, J. Les Reptiles de la Nouvelle-Calédonie et des îles Loyalty. Avant-propos + 79-160, pl. 4-5.

Vol. 1, l. 3, 1913

THEOBALD, F. V. Culicidae from New Caledonia and the Loyalty Islands. 161-164.

PORTA, A. Acantocefali della Nuova Caledonia e delle isole Loyalty. 167-170, pl. 6.

MICHAELSEN, W. Oligochäten von Neu-Caledonien und den benachbarten Inselgruppen. 173-280, pl. 7-8.

Vol. 1, l. 4, 1914

GRIFFINI, A. Stenopelmatidae della Nuova-Caledonia. 283-311.

BURR, M. Les Dermaptères de la Nouvelle-Calédonie et des îles Loyalty. 315-324, pl. 9.

KRAEPELIN, K. Die Skorpione und Pedipalpen von Neu-Caledonien und den benachbarten Inselgruppen. 327-337.

REVILLIOD, P. Les Mammifères de la Nouvelle-Calédonie et des îles Loyalty. 341-365, pl. 10.

DISTANT, W. L. Rhynchota from New Caledonia and the surrounding Islands. 369-390, pl. 11-12.

EMERY, C. Les Fourmis de la Nouvelle-Calédonie & des îles Loyalty. 393-436, pl. 13.

ROEWER, C. F. Opilionidien von Neu-Caledonien. 439-443, pl. 14.

KARNY, H. Conocephalidae Neu-Caledoniens und der Loyalty-Inseln. 447-449.

Volume 2, 1915-1918

Vol. 2, l. 1, 1915

CHEVREUX, E. Amphipodes de la Nouvelle-Calédonie et des îles Loyalty. 3-14, pl. 1-3.

WEBER, M. & DE BEAUFORT, L. F. Les Poissons d'eau douce de la Nouvelle-Calédonie. 17-41.

VON SCHULTHESS, A. Hymenopteren von Neu-Caledonien und den Loyalty-Inseln. 45-53.

RIS, F. Libellen (Odonata) von Neu-Caledonien und den Loyalty-Inseln. 57-72.

Vol. 2, l. 2, 1915.

SILVESTRI, F. Thysanura della Nuova-Caledonia e delle Isole Loyalty. 75-81.

HOLMGREN, N. & HOLMGREN, K. Termiten aus Neu-Caledonien und den benachbarten Inselgruppen. 85-93.

WALTER, C. Les Hydracariens de la Nouvelle-Calédonie. 98-122, pl. 4-6.

CHOPARD, L. Gryllidae de la Nouvelle-Calédonie et des îles Loyalty. 131-167, pl. 7.

CARL, J. Phasmiden von Neu-Caledonien und den Loyalty-Inseln. 173-194.

STINGELIN, T. Cladoceren von Neu-Caledonien. 197-208, pl. 8.

FUHRMANN, O. Description d'un nouveau Trématode (Aporchis segmentatus n.sp.) parasite de Sterna bergii Licht. 213-224, pl. 9.

Vol. 2, l. 3, 1916.

HELLER, K. M. Die Käfer von Neu-Caledonien und den benachbarten Inselgruppen. 229-365, pl. 10-11.

Vol. 2, l. 4, 1918.

JOHANSSON, L. Hirudineen von Neu-Caledonien und den Neuen Hebriden. 373-394, pl. 12.

FUHRMANN, O. Cestodes d'oiseaux de la Nouvelle-Calédonie et des îles Loyalty. 399-449, pl. 13-14.

Volume 3, 1923-1925

Vol. 3, l. 1, 1923

RIBAUT, H. Chilopodes de la Nouvelle-Calédonie et des îles Loyalty. 1-79.

FALCOZ, L. Diptères Pupipares de la Nouvelle-Calédonie et des îles Loyalty. 83-96.

WILLEMSE, C. Locustidae (Acridiidae a.a.) et Phasgonuridae (Locustidae a.a.) de la Nouvelle-Calédonie et des îles Loyalty. 99-112.

BERLESE, A. Acarina della Nuova-Caledonia e delle Isole Loyalty. 115-124.

OUDEMANS, A. C. Sur une nouvelle espèce de Hannemannia Oudms. (Trombidiidae). 127-131.

DAUTZENBERG, P. Mollusques terrestres de la Nouvelle-Calédonie et des îles Loyalty. 135-156.

Vol. 3, l. 2, 1924

BERLAND, L. Araignées de la Nouvelle-Calédonie et des îles Loyalty. 159-255.

SCHRÖDER, O. Landplanarien von Neu-Caledonien und den Loyalty-Inseln. 259-298, pl. 1-3.

CHOPARD, L. Blattidae de la Nouvelle-Calédonie et des îles Loyalty. 301-336, pl. 4.

Vol. 3, l. 3, 1925

GRIMPE, G., & HOFFMAN, H. Die Nacktschnecken von Neu-Caledonien, den Loyalty-Inseln und den Neuen-Hebriden. 337-476, pl. 5-6.

Volume 4, 1925-1926

Vol. 4, l. 1, 1925

SARASIN, F. Uber die Tiergeschichte der Länder des Südwestlichen Pazifischen Ozeans auf Grund von Forschungen in Neu-Caledonien und auf den Loyalty-Inseln. Inhaltverzeichnis + 1-177.

Vol. 4, l. 2, 1926

ROUX, J. Crustacés décapodes d'eau douce de la Nouvelle-Calédonie. 181-240.

VERHOEFF, K. W. Isopoda terrestria von Neu-Caledonien und den Loyalty-Inseln. 243-366.

Vol. 4, l. 3, 1926

CARL, J. Diplopoden von Neu-Caledonien und den Loyalty-Inseln. 369-462.

B. BOTANIQUE/BOTANIK
RÉDACTION/REDAKTION

H. SCHINZ & A. GUILLAUMIN.
1914-1921

SARASIN, F. Vorvort zum botanischen Teil von « Nova Caledonia ».

Vol. 1, l. 1, 1914

FISCHER, E. Fungi (Gen. Dictyophora) von Neu-Caledonien. 3-4.

HARMAND, J. Lichenes de la Nouvelle-Calédonie et des îles Loyalty. 7-15, pl. 1.

STÉPHANI, F. Hepaticae von Neu-Caledonien. 19.

THÉRIOT, I. Musci de la Nouvelle-Calédonie et des îles Loyalty. 23-32.

BONAPARTE, R. Filicales de la Nouvelle-Calédonie et des îles Loyalty. 35-56, pl. 2-4.

SCHINZ, H. Equisetales und Triuridaceae von Neu-Caledonien. 59.

HYERONYMUS, G. Selaginellaceae von Neu-Caledonien. 63-65.

HACKEL, E. & SCHINZ, H. Gramineae von Neu-Caledonien und den Loyalty-Inseln. 69-74.

KRÄNZLIN, F. Orchidaceae von Neu-Caledonien und den Loyalty-Inseln. 78-85.

Vol. 1, l. 2, 1920

WAKEFIELD, E. M. Fungi of New Caledonia and Loyalty Islands. 89-108.

COTTON, A. D. Lichens (Nachtrag). 109.

STEPHANI, F. Hepaticae (Nachtrag). 110.

MIRANDE, R. Algues. 111.

SCHINZ, H. Lycopodiales (Nachtrag). 112.

SCHINZ, H. & GUILLAUMIN, A. Siphonogamen. 113-116, 119-122, 124-130, 133-143, 144-176.

MARTELLI, M. Pandanaceae. 116-119.

BECCARI, E. Palmae. 123-124.

DE CANDOLLE, C. Piperaceae. 131-133.

DIELS, L. Menispermaceae. 143-144.

Vol. 1, l. 3, 1921

SCHINZ, H. & GUILLAUMIN, A. 177-221, 228-245, 246-247, 297-311, pl. 7-8.

BITTER, G. Gen. Solanum L. 221-228.

WARBURG O. Gen. Ficus L. 245-246.

HOUARD, C. Cécidies de la Nouvelle-Calédonie. 248-265.

GUILLAUMIN, A. Essai de géographie botanique de la Nouvelle-Calédonie. 256-295.

C. ANTHROPOLOGIE

SARASIN, F., 1916-1922. Anthropologie der Neu-Caledonier und Loyalty-Insulaner. I-XIV + 1-651.

SARASIN, F., 1922. Atlas zur Anthropologie der Neu-Caledonier und Loyalty-Insulaner. 64 pl.

D. ETHNOLOGIE

SARASIN, F., 1929. Ethnologie der Neu-Caledonier und Loyalty-Insulaner. I-VII + 1-320.

SARASIN, F., 1929. Atlas zur Ethnologie der Neu-Caledonier und Loyalty-Insulaner. 73 pl.

Quelle qu'ait été la qualité du travail des naturalistes qui ont étudié la faune néo-calédonienne, et sans même prendre en compte l'évolution des concepts et des connaissances en taxinomie depuis le début du siècle, diverses contingences ont fait que même l'inventaire est resté très incomplet : de nombreux taxons sont restés ignorés faute de techniques de récolte adéquates ou d'accès aux régions où ils sont endémiques. Ainsi la faune du sol, dont l'importance écologique n'est plus à démontrer, est restée presque totalement ignorée ; la plupart des petits Insectes sont passés inaperçus ; et la découverte d'une importante faune de Vertébrés récemment éteints, allant de l'oiseau géant aptère au crocodile terrestre, dont les premiers éléments ont été découverts par le Père DUBOIS et par François POPLIN et dont l'exploitation a été poursuivie par Jean-Christophe BALOUET, témoigne des lacunes de notre connaissance des écosystèmes néo-calédoniens. Les huit genres nouveaux et quarante-neuf espèces d'Insectes décrits dans ce volume ne représentent qu'une petite partie des taxons non encore décrits.

Connaître l'origine des constituants actuels de la flore et de la faune, décrire leurs associations dans des écosystèmes originaux, comprendre leur évolution dans un cadre historique, géographique et géologique complexe mais bien délimité, sont les objectifs de l'Action spécifique du Muséum « Évolution et Vicariance en Nouvelle-Calédonie ». L'acquisition de la base taxinomique fiable fondée sur des concepts modernes nécessaire à la réalisation de ces objectifs implique en pratique l'acquisition d'un matériel bien localisé et représentatif des populations animales. Au matériel zoologique récolté dans le cadre de l'Action spécifique du Muséum, s'ajoutent :

— les récoltes effectuées par les zoologistes du centre ORSTOM de Nouméa, et en particulier par Jean CHAZEAU assisté de Lydia BONNET de LARBOGNE ;
— les récoltes effectuées en 1986 et 1987 dans le cadre du programme de l'Action Pacifique Sud du Ministère de la Recherche et de l'Enseignement supérieur, « Inventaire des ressources naturelles en Nouvelle-Calédonie » ;
— le matériel prêté par différents musées, et en particulier par le Bernice P. Bishop Museum d'Hawai.

Mais au-delà des programmes formels, le travail de terrain nécessaire à la réalisation des objectifs scientifiques exposés plus haut n'aurait pu être effectué dans des conditions satisfaisantes sans l'aide et la coopération apportées par des organismes et par des individus dont les objectifs propres ne coïncident que très partiellement avec les nôtres. Que soient remerciés ici :

— l'ORSTOM, à travers le centre de Nouméa, son directeur Jean FAGES et mes collègues naturalistes ;
— le Service des Forêts et du Patrimoine naturel de Nouvelle-Calédonie, ses directeurs successifs, Jean-François CHERRIER et Marcel BOULET, et ses agents, en particulier Yves LETOCART.

RÉFÉRENCES BIBLIOGRAPHIQUES

BALLANCE, P. F. (editor), 1980. — Plate tectonics and biogeography in the southwest Pacific : the last 100 millions years. *Palaeogeogr. Palaeoclimatol. Palaeoecol.*, **31** (2-4) : 101-372.

HOLLOWAY, J. D., 1979. — A survey of the Lepidoptera, biogeography and ecology of New Caledonia. *Series entomolo.*, Junk b.v. publishers, **15** : 588 pp.

JAFFRÉ, T., MORAT, P., VEILLON, J. M., & MACKEE, H. S., 1988. — Changements dans la végétation de la Nouvelle-Calédonie au cours du Tertiaire : la végétation et la flore des roches ultrabasiques. *Bull. Mus. natn. Hist. nat., section B, Adansonia*, 9 (4) : 365-391.

MORAT, P., JAFFRÉ, T., VEILLON, J. M., & MACKEE, H. S., 1986. — Affinités floristiques et considérations sur l'origine des maquis miniers de la Nouvelle-Calédonie. *Bull. Mus. natn. Hist. nat., section B, Adansonia*, 8 (2) : 133-182.

MORAT, P., VEILLON, J. M., & MACKEE, H. S., 1984. — Floristic relationships of New Caledonian Rain Forest Phanerogams. *In* : Radovsky, Raven et Sohmer (editors), *Biogeography of the Tropical Pacific*. Association of Systematic Collections and Bernice P. Bishop Museum Special Publication, **72** : 71-128.

ORSTOM, 1981. — *Atlas de la Nouvelle-Calédonie et dépendances*. ORSTOM, Paris : 53 pl.

PARIS, J. P., 1981. — *Géologie de la Nouvelle-Calédonie. Un essai de synthèse*. B.R.G.M., Orléans : 278 pp.

SARASIN, F., 1917. — *La Nouvelle-Calédonie et les îles Loyalty. Souvenirs de voyage d'un naturaliste, traduits de l'allemand par Jean Roux*. GEORG & CO., BALE, & C. FISCHBACHER, Paris : 296 pp.

SUPRIN, B. — *Répertoire des toponymes se rapportant à la couverture au 1/50.000 de la Nouvelle-Calédonie et dépendances*. Service des Eaux et Forêts, Nouméa : 39 pp.

2

Collemboles Poduromorpha de Nouvelle-Calédonie
1. Hypogastruridae

Louis DEHARVENG * & Judith NAJT **

* Université Paul Sabatier
Laboratoire de Zoologie, CNRS UA 333
118, route de Narbonne
31062 Toulouse

** Muséum national d'Histoire naturelle
Laboratoire d'Entomologie, CNRS UA 42
45, rue Buffon
75005 Paris

RÉSUMÉ

Nous présentons dans ce travail la liste des Collemboles déjà connus pour la Nouvelle-Calédonie et nous étudions la famille des Hypogastruridae. Quatre nouvelles espèces sont décrites : *Microgastrura massoudi* n. sp., *Xenylla thiensis* n. sp., *X. danieleae* n. sp. et *X. palpata* n. sp. ; une localité nouvelle est donnée pour *X. thibaudi thibaudi*.

ABSTRACT

In this paper we give the list of the Collembola known from New-Caledonia and we study the family Hypogastruridae. We describe four new species : *Microgastrura massoudi* n. sp., *Xenylla thiensis* n. sp., *X. danieleae* n. sp., *X. palpata* n. sp. ; a new locality record for *X. thibaudi thibaudi* is given.

DEHARVENG, L. & NAJT, J., 1988. — Collemboles Poduromorpha de Nouvelle-Calédonie. 1. Hypogastruridae. *In* : S. TILLIER (ed.), Zoologia Neocaledonica, Volume 1. *Mém. Mus. natn. Hist. nat.*, (A), **142** : 17-27. Paris ISBN : 2-85653-163-6

On assiste depuis une dizaine d'années à un essor rapide de l'étude des faunes collembologiques de l'hémisphère austral et du Sud-Est asiatique. Toutefois la Nouvelle-Calédonie n'a fait l'objet jusqu'à présent que de recherches faunistiques ponctuelles qui ont tout de même fourni un des Collemboles les plus spectaculaires connus, *Caledonimeria mirabilis* Delamare & Massoud, 1962, seule espèce d'un genre à lointaines affinités néo-zélandaises (MASSOUD, 1967). Cette découverte, jointe à l'originalité de l'ensemble de la faune de Nouvelle-Calédonie laissait présager un peuple-ment de Collemboles riche et original ; c'est ce que confirme aujourd'hui l'étude des nombreux échantillons récoltés par D. MATILE, J. BOUDINOT, A. & S. TILLIER, P. BOUCHET & J. CHAZEAU.

Dans ce premier travail, nous présentons la liste des 21 espèces déjà connues en Nouvelle-Calédonie ; nous décrivons quatre nouveaux Hypogastruridae : *Microgastrura massoudi* n. sp. ; *Xenylla thiensis* n. sp. ; *Xenylla danieleae* n. sp. ; *Xenylla palpata* n. sp. et nous donnons une localité précise pour *Xenylla thibaudi thibaudi* Massoud, 1965.

LISTE DES COLLEMBOLES CONNUS DE NOUVELLE-CALÉDONIE

ONYCHIURIDAE

Onychiurus cf. fimetarius Linné, 1766
 YOSII, 1960 : Vao, Ile des Pins.

HYPOGASTRURIDAE

Hypogastrura longispina Tullberg, 1876
 HANDSCHIN, 1938 : Vallée de Ngoye.
Xenylla thibaudi thibaudi Massoud, 1965
 GAMA, 1978 : sans localité.
Xenylla cf. obscura Imms, 1912
 GAMA & GREENSLADE, 1981 : sans localité.

NEANURIDAE

Australonura novaecaledoniae (Yosii, 1960)
 Neanura novaecaledoniae Yosii, 1960 : Vao, Ile des Pins.
Lobella (Propeanura) araucariae Yosii, 1960
 Vao, Ile des Pins.
Caledonimeria mirabilis Delamare-Deboutteville & Massoud, 1962
 Plateau de la Thi.
Oudemansia shotti Denis, 1948
 YOSII, 1960 : Ilôt Maître.
Pseudanurida billitonensis Schött, 1901
 MASSOUD, 1967 : sans localité.

ISOTOMIDAE

Axelsonia littoralis (Moniez, 1880)
 YOSII, 1960 : Ilôt Maître.

ENTOMOBRYIDAE

Seira oceanica Yosii, 1960
 Hienghène.
 MARI MUTT, 1987 : Rivière Bleue.
Lepidosira nigrocephala (Womersley, 1934)
 YOSII, 1960 : Vao, Ile des Pins.
Lepidosira punctata Yosii, 1960
 Koghi.
Lepidocyrtoidea novaecaledoniae Yosii, 1960
 Koghi.
Discocyrtus dahlii (Schaffer, 1898)
 YOSII, 1960 : Koghi.

PARONELLIDAE

Pseudoparonella queenslandica (Schött, 1917)
 YOSII, 1960 : Koghi.
Pseudoparonella queenslandica flavotruncata Yosii, 1960
 Koghi.
Pseudoparonella novaecaledoniae Yosii, 1960
 Koghi.
Pseudoparonella shibatai Yosii, 1960
 Koghi.
Plumachaetas sarasini (Handschin, 1926)
 Chaetoceras sarasini Handschin, 1926 : Vallée de Ngoye.

SYMPHYPLEONA

Rastriopes (Prorastriopes) fuscus Yosii, 1960
 Rivière Bleue, plaine des Lacs.

DESCRIPTION DES NOUVELLES ESPÈCES

Microgastrura massoudi n. sp.

Description : longueur : 0,5 à 0,6 mm. Brun-violet. Grain secondaire moyen et régulier.

Antennes très trapues, les articles III et IV télescopés. Article I avec 6 soies ordinaires, articles II avec 11 soies ordinaires. Articles III avec 18 soies ordinaires et un organe sensoriel constitué des 5 soies s habituelles ; les 2 microchètes s internes sont en forme de T, cachés derrière des granules secondaires hypertrophiés ; les 2 soies s de garde sont un peu épaissies, allongées, subégales, l'une très proche des microchètes internes, l'autre beaucoup plus éloignée ; le microchète ventro-externe est réduit. Ant. IV court, plus large que long, muni de 8 soies allongées, épaissies et subégales, 11 soies mousses à morphologie très semblable aux précédentes, 20-22 soies ordinaires aiguës, une grande soie papillée apicale, et une râpe sensorielle ventrale d'une vingtaine de courtes soies en trompette ; l'organite subapical est petit, globuleux ; la vésicule apicale exsertile est assez petite, simple. Nous n'avons pas observé de sac évaginable entre ant. III et ant. IV. (fig. 2 et 3).

6 + 6 cornéules inégales ; OPA à 4 lobes inégaux (fig. 8). Mandibule petite à plaque molaire réduite mais distincte et pars incisiva régressée, triangulaire, pourvue de 3-5 petites dents apicales (fig. 4). Capitulum maxillaire réduit, à griffe et lamelles courtes (fig. 6). Soies papillées du palpe labial courtes.

Chétotaxie dorsale et chétotaxie ventrale représentées sur les fig. 1 et 7. Soies ordinaires dorsales moyennes, subégales, aiguës, lisses (faiblement crénelées sur l'arrière du corps). Soies s des tergites fines, 2 à 3 fois plus longues que les soies ordinaires. Le revêtement est très réduit par rapport au schéma hypogastrurien de base. On remarque notamment :

— sur la tête, absence des soies aO et v, rangée c réduite ;
— soies s internes en position 3, 3/4, 4, 4, 3, 2 sur les tergites ;
— soies dorsales a 2 absentes de th. II à abd. III ;
— soies dorsales m 1 de th. II, th. III et abd. IV absentes ;
— tube ventral à 3 + 3 soies ;
— sternite d'abd. II avec seulement 1 + 1 soies.

Épines anales absentes.

Furca bien développée. Rétinacle à 4 + 4 dents. Dens avec 7 soies dorsales épaissies à la base, effilées à l'extrémité et coudées ; mucron complexe (fig. 9). Pas de lobe ventro-apical bien développé sur la dens. Chétotaxie des pattes conformes au tableau suivant :

	T	F	Tr	Cx	Scx2	Scx1
P I	19	12	5	3	0	1
P II	19	11	5	7	1	2
P III	18	10	4	7	1	2

Un ergot dorsal aigu par tibiotarse. Griffe fine et longue, avec une dent interne médiane et sans dents latérales. Appendice empodial réduit, pourvu d'une large lamelle basale et terminé par un court filament, ne dépassant pas 1/5 de la crête interne de la griffe (fig. 5).

Plaque génitale à microchètes peu nombreux (1 + 1 ge et 2 + 2 cg pour la femelle).

Discussion : les espèces européennes de *Microgastrura* révisées par SIMON BENITO & POZOS MARTINEZ (1984) ne possèdent que 7 à 9 soies en trompette sur la face ventrale de l'article antennaire IV. Dans le genre jamaïcain *Microgastrurella* Massoud & Bellinger, 1963, considéré comme synonyme de *Microgastrura* par SIMON & POZOS, on observe une râpe sensorielle à l'article antennaire IV, constituée de 56 soies tronquées. Par la présence d'une vingtaine de soies en forme de trompette, *Microgastrura massoudi* n. sp. occupe une position intermédiaire entre les espèces espagnoles et celle de la Jamaïque. Par la persistance de dents sur la plaque molaire de sa mandibule, notre nouvelle espèce est proche de *M. selgae* Simon & Pozos, 1984. Elle s'en écarte par l'absence de vésicule apicale à la dens, un

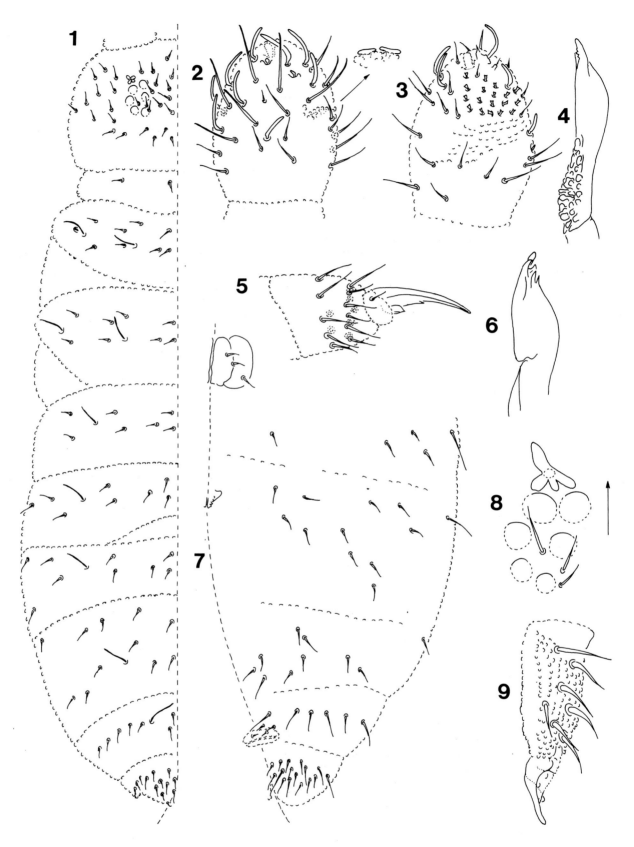

Fɪɢ. 1-9. — *Microgastrura massoudi* n. sp. — 1. Chétotaxie dorsale de la tête et du corps. — 2. Face dorsale des articles antennaires III et IV. — 3. Face ventrale des articles antennaires III et IV. — 4. Mandibule. — 5. Patte III. — 6. Maxille. — 7. Chétotaxie ventrale de l'abdomen (furca non représentée). — 8. Organe postantennaire et cornéules. — 9. Mucrodens.

appendice empodial sétiforme ne dépassant pas 1/5 de G III (trapézoïdal et atteignant 1/4 à 1/3 de G III chez *selgae*), l'absence d'ergot capité au tibiotarse, un tube ventral à 3 + 3 soies chez l'adulte (4 + 4 chez *selgae*), toutes les soies dentales spiniformes (5 sur 7 chez *selgae*).

Matériel-type : holotype femelle et 4 paratypes, Col d'Amieu, 400 m., forêt, souche pourrie, 30-XI-1983 (D. MATILE). Muséum national d'Histoire naturelle, Laboratoire d'Entomologie.

Autre matériel : Nouvelle-Calédonie : Col de Petchecara, litière sur pente, près de la cascade, 400 m., 1-XII-1983 (D. MATILE) : 2 ex. ; Monts Koghis, litière, 500 m., 15-XI-1983 (D. MATILE) : 2 ex. ; Forêt de la Thi, litière, 50 m., 21-IV-1978 (J. GUTIERREZ) : 1 ex. ; Mont Panié, litière, 360 m., 11-XII-1983 (D. MATILE) : 1 ex.

Localité-type : Col d'Amieu, 400 m.

Derivatio nominis : l'espèce est dédiée bien amicalement à Monsieur Zaher MASSOUD.

Xenylla thiensis n. sp.

Description : longueur de l'holotype mâle 0,81 mm, de l'allotype femelle 1 mm. Bleuâtre. Grain secondaire bien développé.

5 + 5 cornéules. Pièces buccales normales. Ant. I avec 7 soies. Ant. II avec 10 soies. Ant. III avec 17 soies ordinaires et un organe sensoriel constitué de 5 soies s inégales (fig. 12) ; les 2 soies s internes sont petites et ovoïdes, non cachées derrière un repli du tégument ; les soies s de garde sont épaissies, moyennes ; le microchète s ventro-externe est très petit et allongé. Ant. IV avec l'équipement sensoriel habituel du genre : 4 soies s subégales, ovoïdes-allongées et un microchète s ; organite subapical très petit ; vésicule apicale exsertile, entière et bien nette (fig. 11).

Le revêtement dorsal du corps et de la tête est constitué de soies ordinaires épaisses, subégales (plus longues sur l'arrière corps) et fortement crénelées, et de soies s grêles, 2 à 2,5 fois plus longues que les soies ordinaires voisines (fig. 10 et 14). Ventralement, les soies sont lisses, plus fines et aiguës. Linea ventralis bien distincte sur toute sa longueur. Tube ventral avec 4 + 4 soies.

Épines anales petites sur de petites papilles. Griffe munie d'une dent interne au quart distal. Deux ergots dorsaux faiblement capités par tibiotarse. Rétinacle à 3 + 3 dents. Mucrodens (fig. 13) avec 1 soie ; le mucron est allongé, à apex arrondi, mal séparé de la dens.

Discussion : bien que notre matériel ne nous permette pas de contrôler tous les caractères chétotaxiques utilisés par GAMA (1969, 1980) pour établir ses arbres généalogiques du genre *Xenylla*, notre nouvelle espèce est bien caractérisée par la conjonction de 4 caractères importants :

— un caractère plésiomorphe : la soie p 2 reste au niveau de p 1 sur th. III ;
— trois caractères apomorphes : p 3 absent sur la tête, p 3 absent sur abd. IV, m 3 absent sur abd. IV.

Xenylla thiensis n. sp. ne présente par ailleurs aucune affinité avec les espèces du groupe *thibaudi* décrites dans ce travail.

Matériel-type : holotype mâle, allotype femelle et 1 paratype ♀, Forêt de la Thi, litière, 50 m., 21-IV-1978 (J. GUTIERREZ). Muséum national d'Histoire naturelle, Laboratoire d'Entomologie.

Autre matériel : Nouvelle-Calédonie, Mont Koghis, litière, 500 m., 15-XI-1983 (D. MATILE) : 1 ex. femelle.

Localité-type : Forêt de la Thi, 50 m.

Derivato nominis : le nom de l'espèce fait allusion au nom de la localité-type.

La lignée de *Xenylla thibaudi*

Les arbres généalogiques du genre *Xenylla* proposés par GAMA (1969 et 1980) montrent l'existence d'une lignée tout à fait isolée au sein du genre, caractérisée par une chétotaxie très évoluée et constituée de deux sous-espèces australes : *X. thibaudi thibaudi* Massoud, 1965, décrite de la Nouvelle-Guinée et trouvée par la suite en Australie et en Nouvelle-Calédonie et *X. thibaudi massoudi* Gama, 1967, des Iles Salomon. Remarquons que la seule différence entre les deux sous-espèces est la coloration.

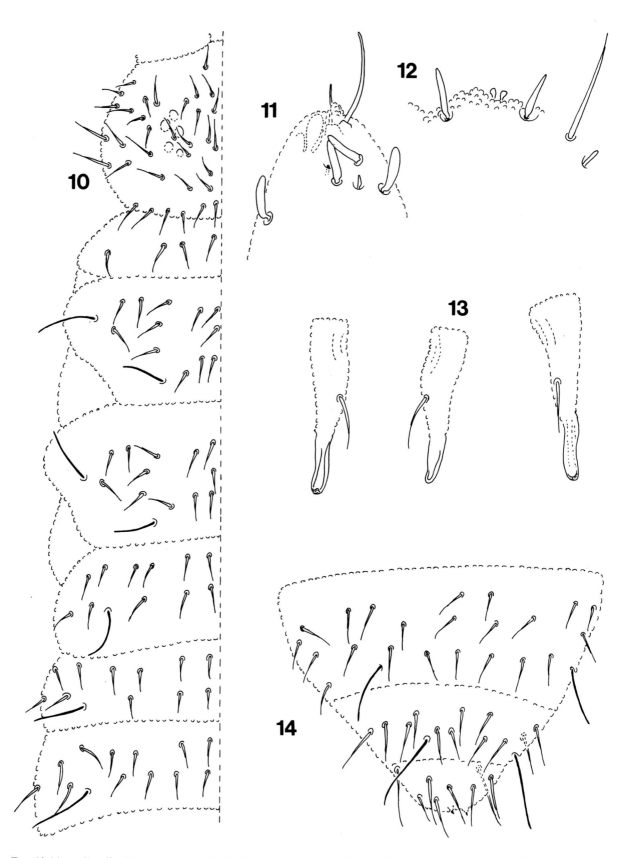

FIG. 10-14. — *Xenylla thiensis*, n. sp. — 10. Chétotaxie dorsale de la tête, du thorax et des abd. I à III. — 11. Partie dorso-apicale d'ant. IV (soies ordinaires non représentées). — 12. Organe sensoriel de l'article antennaire III. — 13. Mucrodens, différents spécimens. — 14. Chétotaxie dorsale des abd. IV à VI.

Outre les caractères chétotaxiques signalés par GAMA, la lignée de *X. thibaudi* présente plusieurs autres synapomorphies originales parmi lesquelles :

- Un capitulum maxillaire modifié, à griffe régressée et lamelles hypertrophiées, caractère déjà observé par FJELLBERG (1984) qui le retrouve d'ailleurs chez *X. subbellingeri* Gama, 1976.
- L'absence de soie sublobale au palpe maxillaire.
- Un palpe labial modifié (cf. MASSOUD, 1965) pour *X. thibaudi thibaudi*.
- Un organe sensoriel de l'article antennaire III caractérisé par le développement d'une papille protectrice devant les deux microsensilles internes.
- 5 soies sensorielles sur l'article antennaire IV, dont 2 sont plus épaisses que les autres.

A l'opposé, d'autres caractères morphologiques apparaissent comme plus primitifs que ceux de la plupart des espèces du genre *Xenylla* :

- Absences d'ergots capités aux tibiotarses.
- Épines anales absentes ou sétiformes.
- Soies a 2 et p 2 non déplacées sur le thorax III.

Le matériel étudié nous a fourni deux espèces nouvelles de ce groupe que nous décrivons ici.

Xenylla danieleae n. sp.

Description : longueur de l'holotype femelle : 0,64 mm. Bleuâtre. Grain secondaire développé. 5 + 5 cornéules. OPA absent. Capitulum maxillaire (fig. 19) à 6 lamelles longues et fines, dentée (lamelle 1), ciliées (2, 3, 4 et 6) ou ondulée avec quelques cils (5) ; griffe réduite à un petit processus basal. Mandibule (fig. 17) à pars molaris bien développée, la pars incisiva subparallèle munie de 4 dents terminales subégales. Formule clypéolabrale : a 0/2, 4/5, 5, 4. Soies labrales très longues (fig. 21). Palpe labial modifié, portant 7 longues soies courbées et élargies implantées derrière les soies papillées qui sont courtes, droites et très fines (fig. 16). Lobe externe de la maxille réduit, avec une soie basale et une soie terminale, sans soie sublobale (fig. 22).

Ant. I avec 7 soies, ant. II avec 12 soies. Ant. III avec 18-20 soies ordinaires et un organe sensoriel constitué de 5 soies s inégales (fig. 24), les deux microchètes internes étant protégés par un repli tégumentaire. Ant. IV porte 6 soies s avec un groupe dorso-externe constitué de 2 soies s épaisses et assez longues, 1 soie s plus fine et plus longue et un microchète s court et trapu, et un groupe dorso-interne de 2 soies s assez fines et longues ; l'organite subapical est présent sous forme d'une petite pointe, la vésicule apicale est grande et entière (fig. 18).

Le revêtement du corps et de la tête est constitué de soies ordinaires lisses ou faiblement crénelées, pointues et subégales ; seuls quelques macrochètes sont différenciés sur l'arrière-corps et sur les sternites abdominaux. Les soies s des tergites sont grêles et 2 à 3 fois plus longues que les soies ordinaires voisines. La chétotaxie dorsale est représentée sur la fig. 15. Le caractère le plus remarquable est la présence sur abd. I et abd. II d'une paire de grandes soies latérales qui semblent correspondre à des soies s surnuméraires.

L'abd. IV porte une paire de structures tégumentaires en relief entre les soies p 2 et p 4. La linea ventralis est bien distincte sur toute sa longueur. Le tube ventral porte 4 + 4 soies. L'anus est ventral. Les épines anales sont extrêmement réduites, sétiformes. La griffe, longue et fine, porte une dent interne au 2/5 distaux et une paire de petites dents latérales au tiers basal ; il existe un seul ergot dorsal, non capité, par tibiotarse (fig. 23). La chétotaxie des pattes est résumée dans le tableau suivant :

	T	F	Tr	Cx	Scx2	Scx1
P I	19	12	5	3	0	1
P II	19	11	5	6	2	?2
P III	18	10	?5	7	2	3

Le mucrodens (fig. 20) est bien développé ; la dens porte 2 soies dorsales et un petit processus médio-ventral ; le mucron, long et droit, est muni d'une lamelle assez large ; il est bien séparé de la dens. Le rétinacle possède 3 + 3 dents.

Discussion : au sein du groupe de *X. thibaudi, X. danieleae* n. sp. s'isole par ses macrochètes surnuméraires de l'abdomen I et II. S'il s'avérait qu'il s'agit bien de soies de type « s », on aurait alors une chétotaxie tout à fait exceptionnelle, non seulement pour le genre *Xenylla*, mais pour l'ensemble des Hypogastruridae.

Les structures tégumentaires latérales de l'abdomen IV conduisent à rapprocher la nouvelle espèce de *X. thibaudi thibaudi*, où elles avaient été déjà signalées par MASSOUD (1965).

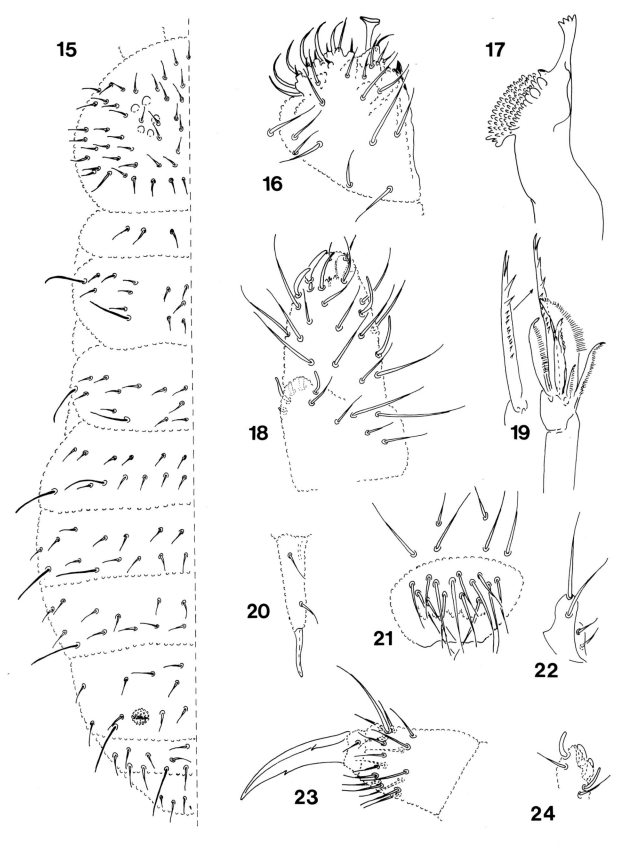

Fig. 15-24. — *Xenylla danieleae* n. sp. — 15. Chétotaxie dorsale de la tête et du corps. — 16. Labium. — 17. Mandibule. — 18. Face dorsale des articles antennaires III et IV. — 19. Maxille. — 20. Mucrodens. 21. Labre. — 22. Lobe externe de la maxille. — 23. Patte III. — 24. Organe sensoriel de l'article antennaire III.

Le tableau des caractères chétotaxiques essentiels présenté ci-dessous permet de replacer *X. danieleae* n. sp. dans l'arbre généalogique du genre proposé par GAMA (1980) dans la lignée *thibaudi*..

Chétotaxie dorsale (fig. 15)

Tête : a 0 présent ; p 1 absent ; p 2, p 3 et d 1 présents ; L 1, L 2 et L 3 subégaux.

Thorax : th. II et III identiques (à l'exception du microchète latéral « s » absent sur th. III) ; a 2 et p 2 non déplacés ; l a 1 absent; l a 2 et l a 3 présents ; m 3 et p 3 absents.

Abdomen : m 1 et p 3 absents sur abd. IV ; a 2 absent sur abd. V.

Chétotaxie ventrale

Tête : p 1 et m 3 absents.

Thorax : pas de soie.

Abdomen : p 1, p 2, a 6 et peut-être p 6 absents sur abd. II ; a 6 absent sur abd. III ; p 5 présent sur abd. III ; m 1 et m 2 n'ont pas été observés sur abd. IV.

Matériel-type : holotype femelle et 15 para-types sur lames, Mont Panié, litière, 360 m., 11-XII-1983 (D. MATILE), Muséum national d'Histoire naturelle, Laboratoire d'Entomologie.

Localité-type : Mont Panié, 360 m.

Derivatio nominis : l'espèce est dédiée très amicalement à Danièle MATILE-FERRERO, qui a réalisé pour nous les premiers échantillonnages de faune du sol au Berlese en Nouvelle-Calédonie.

Xenylla palpata n. sp.

Description : longueur de l'holotype femelle 0,75 mm. Bleu-violet. Tégument granuleux.

5 + 5 cornéules. OPA absent. Capitulum maxillaire (fig. 25) avec 6 lamelles élancées, dentées ou ciliées ; la griffe semble réduite à un petit stylet basal. Mandibule (fig. 28) à pars molaris bien développée, la pars incisiva subparallèle à 4 dents terminales subégales. Soies labrales très longues. Palpe labial modifié (fig. 26). Lobe externe de la maxille sans soie sublobale (fig. 31).

Antennes du type *Xenylla*. Ant. I avec 7 soies. Ant. II avec 12 soies. Ant. III avec 18-20 soies

ordinaires et un organe sensoriel constitué de 5 soies s inégales (fig. 32) ; les deux soies s internes sont épaissies et recouvertes d'un repli tégumentaire, encadrées par deux soies s de garde plus fines et environ deux fois plus longues ; le microchète s dorso-latéral est très court. Ant. IV avec 6 soies s dont un groupe dorso-externe constitué de 2 soies épaisses et assez longues, 1 soie s plus fine et plus longue et un microchète s court et trapu, et un groupe dorso-interne constitué de 2 soies s assez fines et longues ; l'organite subapical est présent, la vésicule apicale est entière (fig. 29).

Le revêtement du corps et de la tête est constitué de soies ordinaires faiblement crénelées, assez courtes ; quelques macrochètes sont différenciés sur l'arrière-corps et sur les sternites abdominaux. Les soies s des tergites sont 2 à 4 fois plus longues que les soies ordinaires voisines. Absence de macrochètes dorso-latéraux sur abd. I et II. L'abdomen IV porte une structure postéro-axiale en relief constituée par une bosse tégumentaire avec des grains plus forts ; les soies p 1 et p 2 sont situées sur cette bosse (fig. 27).

La linea ventralis est bien distincte sur toute sa longueur. Le tube ventral porte 4 + 4 soies. L'anus est ventral. Les épines anales sont absentes. La griffe, longue et fine, porte une dent interne aux 2/5 distaux, une paire de dents latérales au tiers basal et une minuscule dent dorsale à la moitié de la crête externe, visible sur la griffe en vue dorsale. Il existe un seul ergot dorsal, non capité, par tibiotarse (fig. 33).

Le mucrodens (fig. 30) est bien développé ; la dens porte 2 soies dorsales et un petit processus médio-ventral ; le mucron, long et droit, est bien séparé de la dens. Le rétinacle possède 3 + 3 dents.

Discussion : les deux seuls exemplaires disponibles ne nous ont pas permis de préciser tous les caractères nécessaires pour placer notre nouvelle espèce sur l'arbre généalogique de GAMA (1980).

Toutefois, nous soulignerons que *X. palpata* n. sp. appartient, sans conteste, à la lignée *thibaudi* par sa chétotaxie dorsale, antennaire, tibiotarsale et par la modification très caractéristique de ses pièces buccales. La structure de son tergite abdominal IV, muni d'une bosse postéro-médiane, et l'absence d'épines anales isolent la nouvelle espèce au sein du groupe *thibaudi*.

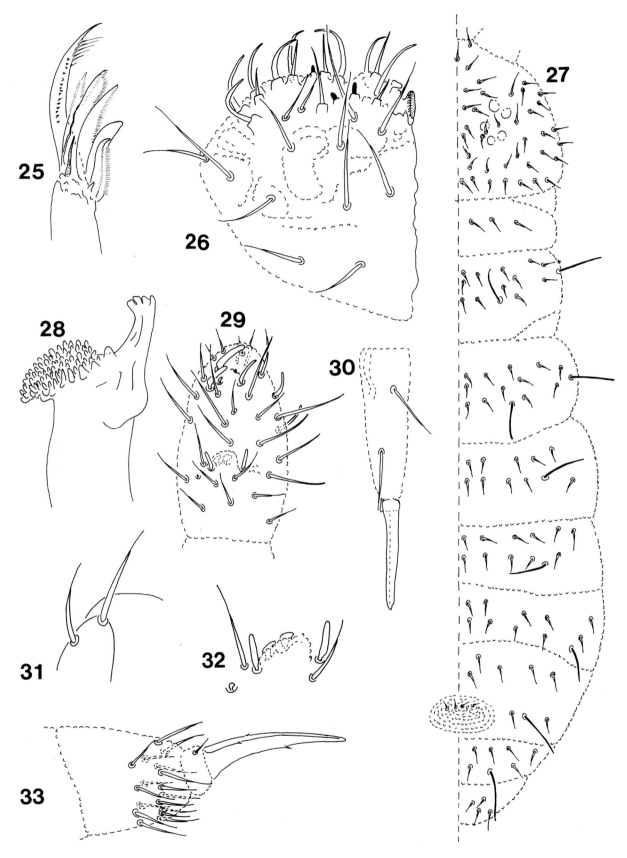

Fig. 25-33. — *Xenylla palpata* n. sp. — 25. Maxille. — 26. Labium. — 27. Chétotaxie dorsale de la tête et du corps. — 28. Mandibule. — 29. Face dorsale des articles antennaires III et IV. — 30. Mucrodens. — 31. Lobe externe de la maxille. — 32. Organe sensoriel de l'article antennaire III. — 33. Patte II.

Matériel-type : holotype femelle et paratype femelle, Monts Koghis, litière, 500 m., 15-XI-1983 (D. MATILE), Muséum national d'histoire naturelle, Laboratoire d'Entomologie.

Localité-type : Monts Koghis, 500 m.

Derivatio nominis : le nom de l'espèce fait allusion au grand développement des palpes labiaux.

Xenylla thibaudi thibaudi Massoud, 1965

Matériel étudié : Nouvelle-Calédonie, st. 113 a, Mt. Table Unio, forêt humide, 500 m., 31-X-1986 (A. & S. TILLIER), 5 ex. montés sur lame.
Nouvelle-Guinée, Hollandia, forêt près de la rivière Noebai, litière, 2-II-54, holotype et 5 paratypes.

Remarques. Nous avons comparé les exemplaires néo-calédoniens avec le matériel-type de Nouvelle-Guinée. Tous les caractères sont semblables, à l'exception de la couleur qui est bleu-violet chez nos individus.

RÉFÉRENCES BIBLIOGRAPHIQUES

DELAMARE-DEBOUTTEVILLE, C. & MASSOUD, Z., 1962. — Description d'un nouveau genre néo-calédonien de Collembole suceur « *Caledonimeria mirabilis* » n. g. n. sp. *Bull. Soc. zool. Fr.*, **87** : 330-337.

FJELLBERG, A., 1984. — Maxillary structures in Hypogastruridae (Collembola). *Annls. Soc. zool. Belg.*, **114** (1) : 89-99.

GAMA, M. M. DA, 1967. — Collemboles du genre *Xenylla* trouvés dans les Iles Salomon et dans l'archipel de Bismarck (Noona Dan Papers n° 39). II. *Mems. Estud. Mus. zool. Univ. Coimbra*, **300** : 1-21.

GAMA, M. M. DA, 1969. — Notes taxonomiques et lignées généalogiques de quarante deux espèces et sous-espèces du genre *Xenylla* (Insecta : Collembola). *Mems. Estud. Mus. zool. Univ. Coimbra*, **308** : 1-61.

GAMA, M. M. DA, 1980. — Aperçu évolutif d'une septantaine d'espèces et sous-espèces de *Xenylla* provenant de tous les continents. *In* : DALLAI, R. (Edit.) First International Seminary on Apterygota (Siena, september 13-16, 1978). *Proceedings.* Accademia delle Scienze di Siena detta de' fisiocritici : 53-58.

GAMA ASSALINO, M. M. DA & GREENSLADE, P., 1981. — Relationships between the distribution and phylogeny of *Xenylla* (Collembola : Hypogastruridae) species in Australia and New Zealand. *Rev. Ecol. Biol. Sol*, **18** (2) : 269-284.

HANDSCHIN, E., 1926. — Collembola from the Philippines and New Caledonia. *Philip. J. Sci.*, **30** : 235-239.

HANDSCHIN, E., 1938. — Check list of the Collembola of Oceania. *Ent. month. Mag.*, **74** : 139-147.

MARI MUTT, J. A., 1987. — Redescription of *Seira oceanica* Yosii, 1960 (Collembola : Entomobryidae). *J. Agric. Univ. P. R.*, **71** (3) : 331-333.

MASSOUD, Z., 1965. — Les Collemboles Poduromorphes de Nouvelle Guinée. *Annls. Soc. ent. Fr.* (N. S.), **1** : 373-391.

MASSOUD, Z., 1967. — Monographie des Neanuridae, Collemboles à pièces buccales modifiées. *Biologie de l'Amérique australe* (Delamare-Deboutteville et Rapoport *ed.*), CNRS, Paris, **3** : 1-399.

MASSOUD, Z. & BELLINGER, P. F., 1963. — Les Collemboles de la Jamaïque (II). *Bull. Soc. zool. Fr.*, **88** : 448-461.

SIMON BENITO, J. C & POZOS MARTINEZ, J., 1984. — Contribución al conocimiento del género *Microgastrura* Stach, 1922 (Collembola). *Nouv. Rev. Ent.*, (N. S.), **1** (3) : 267-276.

YOSII, R., 1960. — On some Collembola of New Caledonia, New Britain and Solomon Islands. *Bull. Osaka Mus. nat. Hist.*, **12** : 9-38.

Collemboles Poduromorpha de Nouvelle-Calédonie
2. *Dinaphorura matileorum* n. sp.
(Onychiuridae Tullbergiinae)

Judith NAJT

Muséum national d'Histoire naturelle
Laboratoire d'Entomologie, CNRS UA 42
45, rue Buffon
75005 Paris

RÉSUMÉ

Dinaphorura matileorum n. sp. est décrite de Nouvelle-Calédonie. Cette nouvelle espèce est morphologiquement proche de *D. harrisoni* Bagnall, d'Australie, et de *D. kerguelensis* Deharveng, de Kerguélen. Une clé est donnée de toutes les espèces du genre.

ABSTRACT

Dinaphorura matileorum n. sp. is described from New Caledonia. This new species is morphologically allied to *D. harrisoni* Bagnall, from Australia, and *D. kerguelensis* Deharveng, from Kerguelen. A key to all species of the genus is provided.

NAJT, J., 1988. — Collemboles Poduromorpha de Nouvelle-Calédonie. 2. *Dinaphorura matileorum* n. sp. (Onychiuridae Tullbergiinae). *In* : S. TILLIER (ed.), Zoologia Neocaledonica, Volume 1. *Mém. Mus. natn. Hist. nat.*, (A), **142** : 29-32. Paris ISBN : 2-85653-163-6

En 1978, nous avions publié un travail sur le genre *Dinaphorura* Bagnall, 1935, avec une nouvelle diagnose du genre et avec une révision des espèces d'Amérique du Sud. Par la suite, DEHARVENG (1981) décrivit une nouvelle espèce de l'Ile de Kerguélen.

Dans ce travail nous décrivons une nouvelle espèce de *Dinaphorura* provenant de Nouvelle-Calédonie. Nous présentons aussi une clé des espèces avec leur distribution géographique.

Dinaphorura matileorum n. sp.

Description : longueur de l'holotype ♂ 1,25 mm. Couleur blanche. Grains tégumentaires de deux types : primaires et secondaires, ceux-ci plus forts vers l'arrière du corps.

Article antennaire I avec 7 soies, article antennaire II avec 11 soies. Organe sensoriel de l'article antennaire III constitué par 2 petites sensilles internes en forme de francisque, de 2 sensilles de garde, élargies par des expansions et des côtes transversales au rachis, d'une sensille dorso-interne subcylindrique et d'une sensille ventro-externe du même type que celles de garde. L'article antennaire IV (fig. 3) porte des soies ordinaires à apex aigu ou à apex arrondi, 7 sensilles longues, fines, subcylindriques, dont 4 en position dorso-interne et 3 en position dorso-externe (une est plus épaisse) ; la microsensille ainsi que l'organite subapical sont présents ; la vésicule apicale est indistincte. La séparation entre les IIIe et IVe articles antennaires est visible sur la face ventrale. Rapport Ant. I : II : III + IV = 1 : 1,25 : 3,25.

Organe postantennaire allongé, avec 18-21 vésicules disposées en deux rangées obliques à l'axe et 4 soies de garde (fig. 4).

Tibiotarses I, II, III, avec 15, 15, 14 soies. Griffes sans dent ; appendice empodial net, petit, triangulaire. Sternites thoraciques avec 0, 1, 1 soies par demi-sternite.

Tube ventral avec 5 + 5 soies. Rétinacle et furca absents.

Abdomen VI portant 2 épines anales sur des papilles nettes et 7 processus spiniformes disposés de la manière suivante : 2 dorso-médians, 2 + 2 latéro-dorsaux et 1 processus impair, médio-ventral ; cette disposition est classique parmi les espèces à 7 processus spiniformes. Rapport E. A. : G$_{III}$ = 1,4 : 1.

Chétotaxie dorsale représentée dans les figures 1 et 2. Les soies sensorielles « s » et sensilles « s' » (thorax II et III) sont toujours présentes. Les soies sensorielles sont peu différentes des soies ordinaires, sauf à partir du IIIe segment abdominal jusqu'au Ve segment, ainsi que sur le sternite abdominal V (fig. 5). Elles sont alors plus épaisses avec des bandes hélicoïdales.

Formule pseudocellaire : 11/011/11111. Les pseudocelles du thorax et de l'abdomen sont en position dorso-interne.

Discussion : Parmi toutes les espèces de *Dinaphorura* sans pseudocelle au thorax I et avec 7 processus spiniformes et 2 épines anales, la nouvelle espèce est proche de *D. harrisoni* BAGNALL, 1947. Elle se différencie par la présence chez *D. harrisoni* d'une vésicule apicale simple au IVe article antennaire, par le rapport de la longueur des articles antennaires (1 : 1,2 : 4,2) et par le nombre de vésicules à l'organe postantennaire (24). *D. matileorum* n. sp. se rapproche de *D. kerguelensis* Deharveng, 1981, mais cette espèce possède des pseudocelles au thorax I.

Matériel-type : holotype ♂ et paratype ♂, Col de Petchecara, litière sur pente, près de la cascade, 400 m., 1-XII-1983 (D. MATILE) *in coll.* Muséum national d'Histoire naturelle, Laboratoire d'Entomologie.

Autre matériel : Nouvelle-Calédonie : St. 294 a. Mont Panié, forêt humide d'altitude, *Agathis* sur schistes, 1 350 m., 18-XI-1986 (J. CHAZEAU & A. & S. TILLIER) : un exemplaire ♂ et un exemplaire ♀, Muséum national d'Histoire naturelle, Laboratoire d'Entomologie.

Localité-type : Col de Petchecara, 400 m.

Derivatio nominis : cette espèce est dédiée bien amicalement à Danièle et Loïc MATILE.

Clé des espèces du genre Dinaphorura

1 — Formule pseudocellaire 11/111/11111   2
1' — Formule pseudocellaire 11/011/11111   4
2 — Abd. VI avec 2 épines anales et 5 processus spiniformes   3
2' — Abd. VI avec 2 épines anales et 7 processus

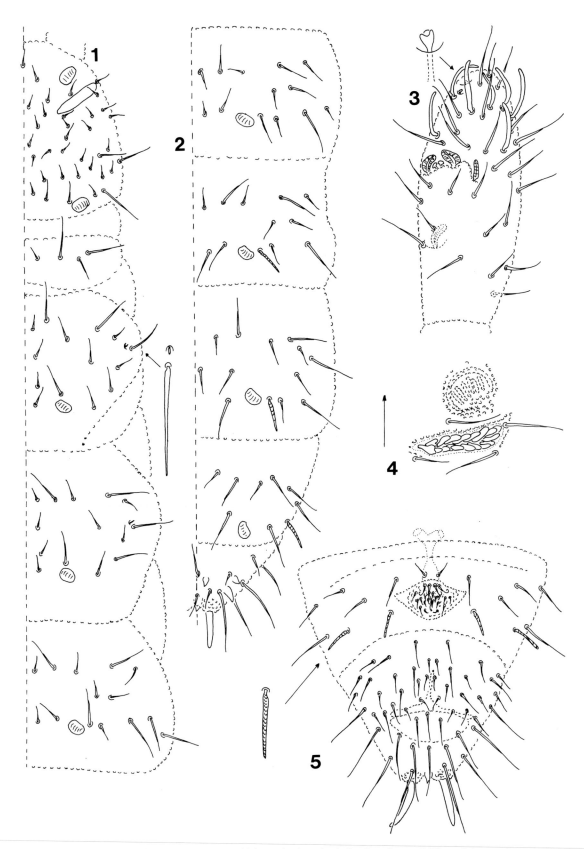

FIG. 1-5. — *Dinaphorura matileorum* n. sp. — 1. Chétotaxie dorsale de la tête, thorax I-III et abdomen I. — 2. Chétotaxie dorsale des abdomen II-VI. — 3. Chétotaxie de la face dorsale des articles antennaires III et IV avec un détail de l'organite subapical. — 4. Pseudocelle et organe postantennaire. — 5. Chétotaxie des sternites abdominaux V et VI.

spiniformes disposés de la manière suivante :
2 dorso-médians, 1 + 1 latéro-dorsaux, 1 impair
médio-ventral. Vésicule apicale de l'Ant. IV
simple. OPA allongé, avec 20 vésicules ; 0,9 mm.
Nouvelle-Zélande ....
.... *nova-zealandiae* Womersley, 1935

3 — OPA triangulaire, avec 11-13 vésicules. Vésicule
apicale de l'Ant. IV indistincte. Appendice
empodial court, triangulaire. 1 à 1,6 mm. Kerguélen .... *kerguelensis* Deharveng, 1981

3' — OPA allongé, avec 28-30 vésicules. Vésicule
apicale de l'Ant. IV simple, petite. Appendice
empodial absent ou très réduit. 1,95 mm.
Australie du Sud ; Nouvelle-Zélande ....
.... *diversispina* Womersley, 1935

4 — Abd. VI avec 2 épines anales et 5 processus
spiniformes.......................... 5

4' — Abd. VI avec 2 épines anales et 7 processus
spiniformes.......................... 6

5 — Processus spiniformes de l'Abd. VI disposés
de la manière suivante : 2 + 2 latéro-dorsaux,
1 impair médio-ventral. Vésicule apicale de
l'Ant. IV bilobée. OPA allongé, avec 12-20 vésicules. Appendice empodial absent. 1,6 mm.
Chili .... *magellanica* Rubio, 1974

5' — Processus spiniformes de l'Abd. VI disposés
de la manière suivante : 2 dorso-médians, 1 + 1

latéro-dorsaux, 1 impair médio-ventral. Vésicule apicale de l'Ant. IV simple. OPA triangulaire, avec 10-11 vésicules. Appendice empodial
absent. 0,85 à 0,95 mm. Chili ....
.... *jarai* Najt & Rubio, 1978

6 — OPA allongé, avec 18-30 vésicules....... 7

6' — OPA triangulaire avec 12-15 vésicules. Vésicule
apicale de l'Ant. IV simple. Appendice empodial rudimentaire. 0,7 à 1,15 mm. Argentine ;
Chili .... *americana* Rapoport, 1962

7 — OPA avec 30 vésicules. Vésicule apicale de
l'Ant. IV petite, simple. Appendice empodial
absent en p_1, petit en p_2 et p_3. 1,4 mm. Nouvelle-
Zélande .... *laterospina* Salmon, 1941

7' — OPA avec moins de 25 vésicules....... 8

8 — Vésicule apicale de l'Ant. IV indistincte. OPA
avec 18-21 vésicules. Appendice empodial petit,
triangulaire. 1,25 mm. Nouvelle-Calédonie..
.... *matileorum* n. sp.

8' — Vésicule apicale de l'Ant. IV présente ... 9

9 — Vésicule apicale de l'Ant. IV trilobée. OPA avec
22-24 vésicules. Appendice empodial très rudimentaire. 1 à 1,8 mm. Argentine..........
.... *spinosissima* (Wahlgren), 1906

9' — Vésicule apicale de l'Ant. IV petite, simple.
OPA avec 22-24 vésicules. 1,2 mm. Australie..
.... *harrisoni* Bagnall, 1947

RÉFÉRENCES BIBLIOGRAPHIQUES

DEHARVENG, L., 1981. — Collemboles des Iles Suban-
tarctiques de l'Océan indien. Mission J. Travé 1972-
1973. *C.N.F.R.A.,* **48** : 33-108.

NAJT, J. & RUBIO, I., 1978. — Tullbergiinae sud-
américaines. I. — Le genre *Dinaphorura* (Coll.).
Nouv. Rev. Entomol., **7** (2) : 95-112.

Collemboles Poduromorpha de Nouvelle-Calédonie
3. Deux espèces nouvelles de *Brachystomella* (Neanuridae Brachystomellinae)

Judith N*AJT* * & *Jean-Marc* T*HIBAUD* **

* Muséum national d'Histoire naturelle
Laboratoire d'Entomologie, CNRS UA 42
45, rue Buffon
75005 Paris

** Muséum national d'Histoire naturelle
Laboratoire d'Écologie générale
4, avenue du Petit Château
91800 Brunoy

RÉSUMÉ

Deux nouvelles espèces de Nouvelle-Calédonie sont décrites : *Brachystomella unguilongus* et *B. insulae*. *B. unguilongus* est morphologiquement proche de *B. mauriesi* Thibaud & Massoud, de la Guadeloupe, et de *B. stachi* Mills, des USA, de la Guadeloupe et de la Martinique. *B. insulae* est proche de *B. christianseni* (Nouvelle-Guinée), *agrosa* Wray (Grandes et Petites Antilles, Brésil), *parvula* (Shaëffer) (Europe, Amérique du Nord) et *terrafolia* Salmon (Nouvelle-Zélande).

ABSTRACT

Two new species are described from New Caledonia : *Brachystomella unguilongus* and *B. insulae*. *B. unguilongus* is morphologically allied to *B. mauriesi* Thibaud & Massoud, from Guadeloupe, and *B. stachi*, first described from the USA, and found later in Guadeloupe and Martinique. *B. insulae* is allied to *B. christianseni* Massoud (New Guinea), *agrosa* (Greater and Lesser Antilles, Brazil), *parvula* (Schaëffer) (Europe, North America) and *terrafolia* Salmon (New Zealand).

NAJT, J. & THIBAUD, J.-M., 1988. — Collemboles Poduromorpha de Nouvelle-Calédonie. 3. Deux espèces nouvelles de *Brachystomella* (Neanuridae Brachystomellinae). *In* : S. TILLIER (ed.), Zoologia Neocaledonica, Volume 1. *Mém. Mus. natn. Hist. nat.*, (A), **142** : 33-37. Paris ISBN : 2-85653-163-6

Le genre *Brachystomella* comprenant, à l'heure actuelle, 40 espèces est surtout représenté en Amérique néotropicale (23) et en Australie (7) (NAJT et PALACIOS-VARGAS, 1986 ; GREENSLADE et NAJT, 1987). Nous décrivons ici deux nouvelles espèces de Nouvelle-Calédonie.

Brachystomella unguilongus n. sp.

Description : longueur de 0,6 à 0,7 mm. Couleur bleu-violet. Grain tégumentaire fort.

Antennes plus courtes que la diagonale céphalique. Article antennaire I avec 7 soies, II avec 11 soies et une petite sensille subcylindrique. L'organe sensoriel III est constitué de deux petites sensilles arrondies, de deux sensilles de garde longues et épaisses et d'une petite sensille ventro-externe (fig. 4). Le IVe article antennaire porte 5 longues sensilles subcylindriques, une très petite sensille dorso-externe, un petit organite subapical et des soies ordinaires à apex aigu ou arrondi (fig. 4). Il n'y a pas de râpe sensorielle. La vésicule apicale est trilobée. La séparation entre les IIIe et IVe articles est visible seulement face ventrale.

8 + 8 cornéules de gros diamètre. Organe postantennaire avec 4 vésicules périphériques (fig. 5). Les cornéules sont d'un diamètre supérieur à celui de l'organe postantennaire. Rapport organe postantennaire : cornéule antérieure : cornéule postérieure = 1 : 1,4 : 1,1.

Maxille de type *Brachystomella*, avec 8 dents, cf. fig. 3.

Tibiotarses I, II et III avec, respectivement, 18, 18 et 17 soies dont un ergot à apex légèrement capité (fig. 6). Griffes longues et fines, avec une dent interne submédiane (fig. 6). Sternites thoraciques sans soie. Rapport tibiotarse et prétarse : griffe III = 0,9 : 1.

Tube ventral avec 3 + 3 soies. Rétinacle avec 3 + 3 dents, sans soie sur le corps.

Dens avec 6 soies ; mucron droit, à apex arrondi, avec une lamelle interne granuleuse (fig. 7). Rapport manubrium : dens : mucron : griffe III = 1,85 : 1,85 : 1 : 1,85.

Chétotaxie dorsale, cf. fig. 1-2. Formule des sensilles par demi-tergite : 022/11111.

Discussion : par la présence de griffes très longues, notre nouvelle espèce se rapproche de *B. mauriesi* Thibaud & Massoud, 1983, de Guadeloupe, et de *B. stachi* Mills, 1934, des États-Unis d'Amérique et retrouvée ensuite en Guadeloupe et en Martinique. La première espèce se différencie de la nôtre par une vésicule apicale simple et des sensilles indistinctes au IVe article antennaire, par un organe postantennaire à 6 vésicules et par des cornéules plus petites, par la présence sur les griffes de dents latérales, par une dens avec 5 soies, un mucron en forme de cuillère et par sa couleur blanche. La seconde espèce, *B. stachi*, se différencie de la nôtre par une vésicule apicale simple au IVe article antennaire, par une maxille avec 10 dents étirées et pointues et par la formule sensillaire 022/21111 par demi-tergite.

Matériel-type : holotype ♀ et 9 paratypes, Col d'Amieu, forêt humide, litière, 13-III-1986 (J. BOUDINOT), déposés au Muséum national d'Histoire naturelle, Laboratoire d'Entomologie.

Autre matériel étudié : Nouvelle-Calédonie, Mont Panié, litière, 11-XII-1983 (D. MATILE) : 3 exemplaires.

Localité-type : Col d'Amieu.

Derivatio nominis : le nom fait allusion aux longues griffes de cette espèce, sans doute une adaptation aux milieux humides.

Brachystomella insulae n. sp.

Description : longueur de 0,6 à 0,8 mm. Couleur violette. Grain tégumentaire fort.

Antennes plus courtes que la diagonale céphalique. Article antennaire I avec 7 soies, II avec 12 soies. L'organe sensoriel III est constitué de deux petites sensilles arrondies, de deux sensilles de garde longues et légèrement épaissies et d'une petite sensille ventro-externe (fig. 14-15). Le IVe article antennaire porte 5 longues fines sensilles, une très petite sensille dorso-externe, un petit organite subapical et des soies ordinaires à apex aigu ou arrondi (sensilles ?) (fig. 15). Petite râpe sensorielle composée de 8 soies tronquées. La vésicule apicale est simple. La séparation entre les IIIe et IVe articles est visible seulement face ventrale.

8 + 8 cornéules. Organe postantennaire avec 6 à 7 vésicules périphériques (fig. 11). La plus

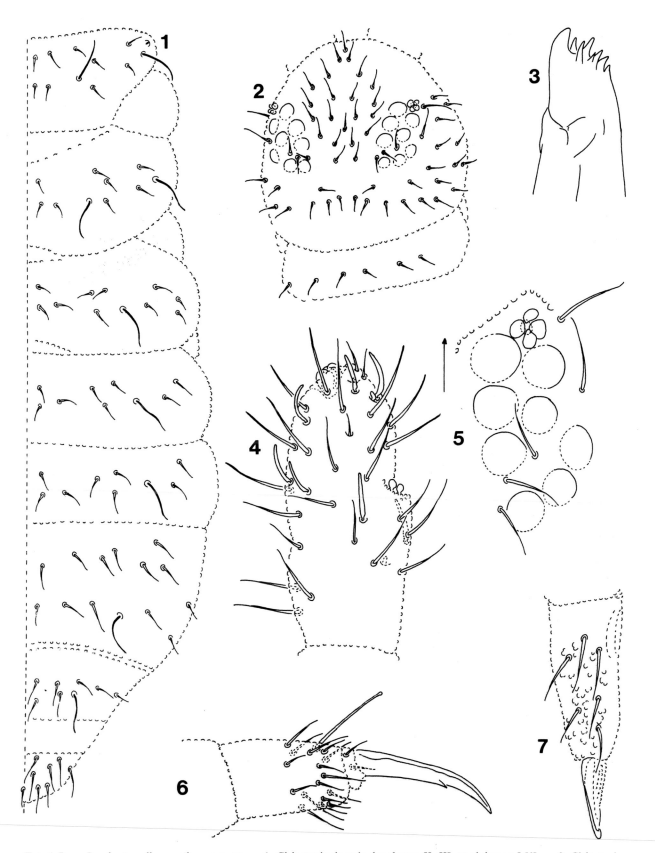

Fig. 1-7. — *Brachystomella unguilongus* n. sp. — 1. Chétotaxie dorsale des thorax II, III, et abdomen I-VI. — 2. Chétotaxie dorsale de la tête et du thorax I. — 3. Maxille. — 4. Chétotaxie de la face dorsale des articles antennaires III et IV. — 5. Organe postantennaire et cornéules. — 6. Patte III. — 7. Dens et mucron.

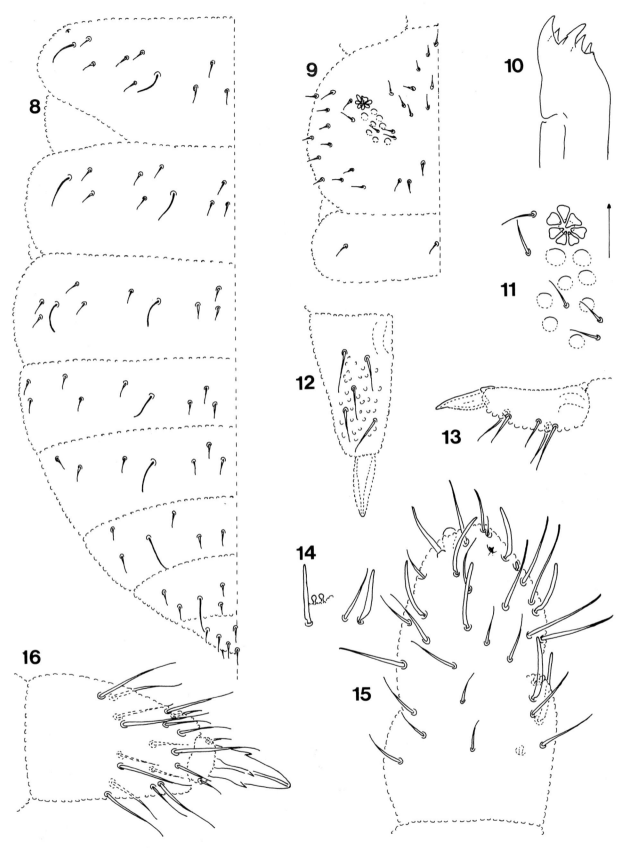

Fig. 8-16. — *Brachystomella insulae* n. sp. — 8. Chétotaxie dorsale des thorax II, III, et abdomen I-VI. — 9. Chétotaxie dorsale de la tête et du thorax I. — 10. Maxille. — 11. Organe postantennaire et cornéules. — 12 et 13. Dens et mucron. — 14. Organe sensoriel de l'article antennaire III. — 15. Chétotaxie de la face dorsale des articles antennaires III et IV. — 16. Patte I.

grande longueur de l'organe postantennaire est égale à 2-2,8 fois celle d'une cornéule.

Maxille de type *Brachystomella*, avec 6 dents, cf. fig. 10.

Tibiotarses I, II et III avec, respectivement, 18, 18 et 17 soies dont un ergot à apex non capité (fig. 16). Griffes trapues, avec une dent interne et 2 dents latérales (fig. 16). Sternites thoraciques sans soie. Rapport tibiotarse-prétarse : griffe III = 2 : 1.

Tube ventral avec 3 + 3 soies. Rétinacle avec 3 + 3 dents, sans soie sur le corps.

Dens avec 5 soies (fig. 12-13) ; mucron droit, à apex légèrement arrondi avec une lamelle ventrale lisse. Rapport manubrium : dens : mucron : griffe III = 2,75 : 2,37 : 1 : 1,12.

Chétotaxie dorsale, cf. fig. 8-9. Formule des sensilles : 022/21111 par demi-tergite. Remarquons que cette espèce présente une chétotaxie plus réduite par rapport à la norme des *Brachystomella*.

Discussion : notre nouvelle espèce se rapproche de *B. christianseni* Massoud, 1965, de Nouvelle-Guinée, de *B. agrosa* Wray, 1953, des Grandes et Petites Antilles et du Brésil, de *B.*

parvula (Schaëffer, 1896) d'Europe et d'Amérique du Nord et de *B. terrafolia* Salmon, 1944, de Nouvelle-Zélande.

B. christianseni diffère de notre nouvelle espèce par le nombre de vésicules à l'organe postantennaire (4), par le nombre de soies à la dens (6), par la forme des griffes, moins trapues, et par l'absence de dents latérales sur les griffes.

B. agrosa diffère de notre espèce par le nombre de vésicules à l'organe postantennaire (4), par le nombre de dents sur la maxille (9 à 10), par la vésicule apicale trilobée sur l'article antennaire IV et par sa chétotaxie dorsale.

B. parvula et *B. terrafolia* diffèrent de notre espèce par leur formule sensillaire : 022/11111 par demi-tergite et par leurs chétotaxies dorsales. De plus, *B. terrafolia* ne présente pas de dents latérales sur les griffes.

Matériel-type : holotype ♀ et paratype ♀, Forêt de la Thi, 50 m., litière, 21-IV-1978 (J. GUTIERREZ) déposés au Muséum national d'Histoire naturelle, Laboratoire d'Entomologie.

Localité-type : Forêt de la Thi, 50 m.

REMERCIEMENTS

Nous remercions bien sincèrement Mlle Marie-Ange DELAMARE pour la frappe de nos manuscrits.

RÉFÉRENCES BIBLIOGRAPHIQUES

GREENSLADE, P. & NAJT, J., 1987. — Collemboles Brachystomellinae de l'Australie. I. Les genres *Brachystomella* et *Rapoportella*. *Ann. Soc. Entomol. Fr.* (N. S.), **23** (4) : 435-453.

MASSOUD, Z., 1967. — Monographie des Neanuridae, Collemboles Poduromorphes à pièces buccales modifiées. *Biologie de l'Amérique Australe* (Delamare Deboutteville & Rapoport ed.), C.N.R.S., Paris, **3** : 7-399.

MASSOUD, Z. & THIBAUD, J.-M., 1980. — Les Collemboles des Petites Antilles. II. — Neanuridae. *Rev. Ecol. Biol. Sol,* **17** (4) : 591-605.

NAJT, J. & PALACIOS-VARGAS, J. G., 1986. — Nuevos Brachystomellinae de México (Collembola, Neanuridae). *Nouv. Rev. Entomol.,* (N. S.), **3** (4) : 457-471.

THIBAUD, J.-M. & MASSOUD, Z., 1983. — Les Collemboles des Petites Antilles. III. — Neanuridae (Pseudachorutinae). *Rev. Ecol. Biol. Sol,* **20** (1) : 111-129.

Collemboles Poduromorpha de Nouvelle-Calédonie
4. *Friesea neocaledonica* n. sp.
(Neanuridae Frieseinae)

José G. P*ALACIOS*-V*ARGAS*

Facultad de Ciencias, UNAM
Departamento de Biologia
Laboratorio de Acarologia
04510 Mexico, D.F.

RÉSUMÉ

Description de *Friesea neocaledonica* n. sp., de Nouvelle-Calédonie. La nouvelle espèce est comparée à certaines autres espèces du genre, morphologiquement proches.

ABSTRACT

Description of *Friesea neocaledonica* n.sp., is described from New Caledonia. The new species is compared to some other species, morphologically allied, of the genus.

P*ALACIOS*-V*ARGAS*, J. G., 1988. — Collemboles Poduromorpha de Nouvelle-Calédonie. 4. *Friesea neocaledonica* n. sp. (Neanuridae Frieseinae). *In* : S. T*ILLIER* (ed.), Zoologia Neocaledonica, Volume 1. *Mém. Mus. natn. Hist. nat.*, (A), **142** : 39-43. Paris ISBN : 2-85653-163-6

Dans le genre *Friesea* ont été décrites plus de cent espèces habitant une grande diversité de milieux. Si le genre a une très large répartition, on ne le connaît cependant pas de l'Océanie. Nous décrivons ici une nouvelle espèce présentant des caractères exceptionnels, dont on peut difficilement établir les relations et affinités avec les autres formes.

Friesea neocaledonica n.sp.

Description : longueur, n = 10 ; 680 µm (530-930 µm). Couleur violet foncé. Plaque oculaire noire.

Soies dorsales longues (9-33 µm) ; celles des derniers segments abdominaux sont plus longues et fortement capitées. Les soies sensorielles (26 µm) et les soies ventrales (13 µm) sont lisses et aiguës (fig. 1).

Ant. I avec 7 soies dorsales, Ant. II avec 13 soies, Ant. III avec 19 soies ; organe sensoriel III formé de deux microsensilles coudées, deux sensilles de garde de même longueur et une microsensille ventrale. Ant. IV, soudée dorsalement au III, avec 6 sensilles subégales ; vésicule apicale simple, une microsensille dorso-externe et un organite sensoriel subapical (fig. 2).

Plaque oculaire avec 8 + 8 cornéules. Capitulum maxillaire avec 2 dents subapicales et 2 lamelles dont la plus grande avec 5 dents (fig. 3). Mandibules avec 7-8 dents (fig. 4). Chétotaxie du labre et du labium normale pour le genre (MASSOUD, 1967) ; deux soies postlabiales.

La chétotaxie dorsale est illustrée dans la figure 7. Signalons que le Th. II porte une microsensille (m'). La chétotaxie ventrale est illustrée dans la figure 9.

La chétotaxie des coxas, trochanters, fémurs et tibiotarses (I-III) est : 3, 8, 8 ; 5, 5, 4 ; 11, 10, 10 ; 18, 18, 17. Présence d'ergots capités : 3 dorsaux et 5 ventraux à chaque tibiotarse (un dorsal est plus fort). Griffe sans dents (fig. 5-6) de même longueur que l'épine anale m 1. Tube ventral avec 4 + 4 soies. Pas de rétinacle, ni de furca (état V de Cassagnau, 1958).

Abd. VI avec 5 épines anales légèrement courbées, en position *a 1, a 2, m 1, m 2* et *p 0*. Les épines anales *a* et *p 0* sont plus petites et moins grosses que les *m* ; relation m : a = 1 : 0,66.

Femelle avec 11-12 soies circumgénitales et 2 + 2 eugénitales ; mâles avec 19-20 soies circumgénitales et 4 + 4 eugénitales (fig. 10). Il y a 11 soies dans chaque valve anale, dont une capitée et une paire de sétoles (fig. 9).

Variabilité : nous avons observé un exemplaire présentant une asymétrie de la chétotaxie sur le segment abdominal IV, un autre, tératologique, sans épine anale, un troisième avec 6 épines anales et un quatrième où une valve anale manque complètement.

Matériel-type : holotype ♀ et paratypes, Mont Panié, sommet, St. 295 a, 1620 m., Maquis, *Agathis-Araucaria* (J. CHAZEAU & A. & S. TILLIER) : dix paratypes femelles et mâles en lames et 12 dans l'alcool dans la collection de l'auteur ; holotype ♀ sur lame et 30 paratypes dans l'alcool au Laboratoire d'Entomologie du Muséum national d'Histoire naturelle.

Localité-type : Mont Panié, 1 620 m.

Derivatio nominis : de la localité-type.

Discussion : *Friesea neocaledonica* n. sp., avec cinq épines anales, se rapproche des espèces suivantes : *F. montana* CASSAGNAU, 1956 (France) ; *F. tourratensis* CASSAGNAU, 1958 (France) ; *F. quinquespinosa* WAHLGREN, 1900 (Groenland) ; *F. quinta* et *F. millsi* CHRISTIANSEN & BELLINGER, 1974 (États-Unis d'Amérique) ; *F. bodenheimeri* BÖRNER, 1927 (Palestine) ; *F. macuillimitl* PALACIOS-VARGAS, 1986 (Mexique) ; *F. coiffaiti* CASSAGNAU & DELAMARE DEBOUTTEVILLE, 1955 (Liban) et *F. pentacantha* MILLS, 1934 (États-Unis d'Amérique). Cependant, toutes ces espèces ont une furca réduite, à l'exception des deux dernières, où celle-ci est complètement absente, comme dans la nouvelle espèce décrite ci-dessus.

La différence la plus claire entre *F. neocaledonica* n. sp. et les autres espèces avec cinq épines anales porte sur la position de ces dernières. Dans cette nouvelle espèce elles sont ainsi disposées : a 1, m 1 et p 0 et dans les autres en : a 1, a 2 et p 0 ; de plus, les épines a et m sont de différentes longueur et grosseur.

Par la forme et la distribution des soies, la nouvelle espèce ressemble à *F. sensillata* Palacios-Vargas & Díaz, 1986 du Vénézuela, mais dans cette dernière manquent les épines anales. La nouvelle espèce partage beaucoup de caractères avec *F. jeanneli* Denis, 1947, des Iles Kerguelen : absence de furca, présence de soies très fortement capitées, mais *F. jeanneli* a 14 épines anales.

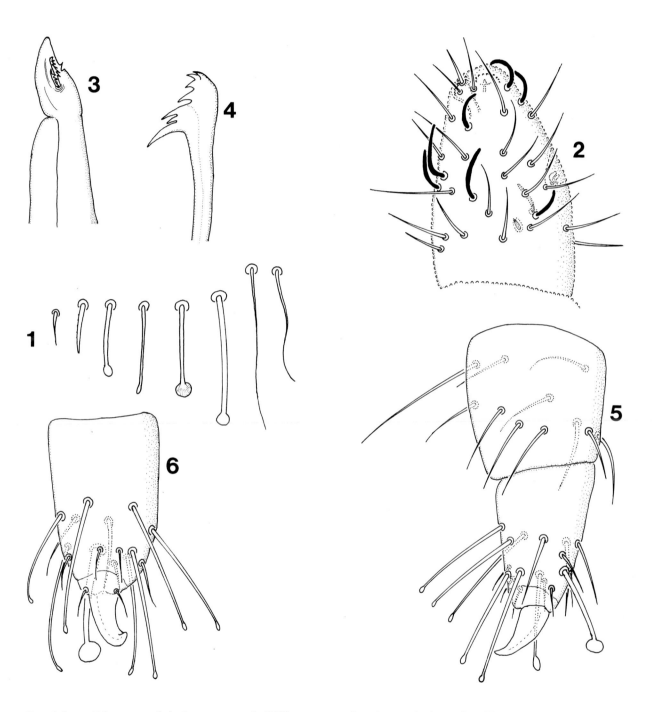

Fig. 1-6. — *Friesea neocaledonica* n. sp. — 1. Différents types de soies. — 2. Antennites III et IV. — 3. Maxille. — 4. Mandibule. — 5. Fémur et tibiotarse I. — 6. Tibiotarse III.

42 JOSÉ G. PALACIOS-VARGAS

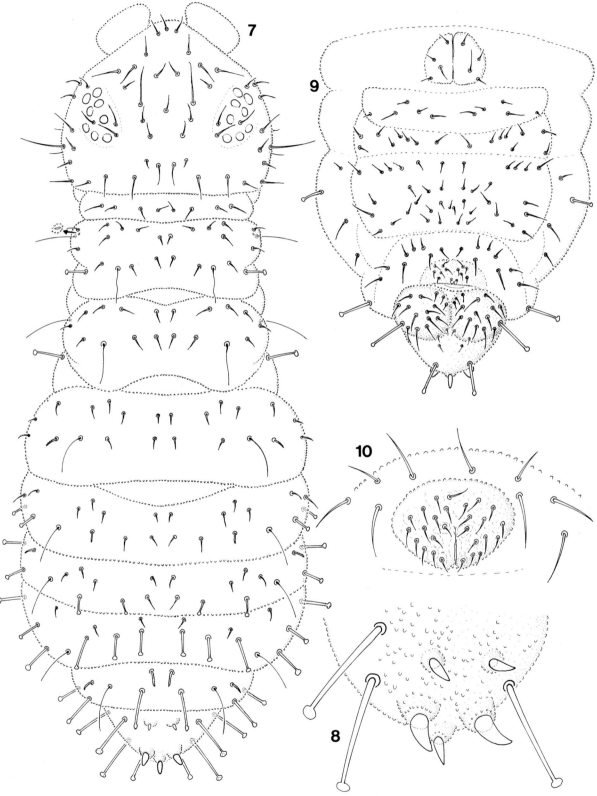

FIG. 7-10. — *Friesea neocaledonica* n. sp. — 7. Chétotaxie dorsale. — 8. Épines anales. — 9. Chétotaxie ventrale. — 10. Plaque génitale mâle.

RÉFÉRENCES BIBLIOGRAPHIQUES

CASSAGNAU, P., 1958. — Les espèces européennes du genre *Friesea* (Collemboles : Poduromorphes). *Bull. Soc. Hist. nat. Toulouse,* **93** : 18-29.

MASSOUD, Z., 1967. — Monographie des Neanuridae, Collemboles Poduromorphes à pièces buccales modifiées. *Biologie de l'Amérique australe* (Delamare Deboutteville & Rapoport ed.), CNRS, Paris, **3** : 1-399.

Collemboles Poduromorpha de Nouvelle-Calédonie
5. Deux genres nouveaux de Neanurinae (Neanuridae)

Louis DEHARVENG

Université Paul Sabatier
Laboratoire de Zoologie, CNRS UA 333
Ecobiologie des Arthropodes Edaphiques
118, route de Narbonne
31062 Toulouse

RÉSUMÉ

Deux nouveaux genres de Neanuridae Neanurinae sont décrits : *Parectonura* et *Caledonura*. *Parectonura* présente de fortes similitudes avec *Ectonura*, mais ses affinités phylogénétiques ne peuvent encore être définies. *Caledonura* se rapproche de *Parectonura*, dont il diffère cependant par des caractères importants. Les deux nouveaux genres représentent sans doute une lignée vicariante des *Australonura* d'Australie et de Nouvelle-Guinée.

ABSTRACT

Two new genera belonging to the Neanuridae are described : *Parectonura* and *Caledonura*. *Parectonura* is very similar to *Ectonura*, but its phylogenetic relationships cannot be presently defined. *Caledonura* is close to *Parectonura*, from which is differs nevertheless by important states of characters. The two new genera probably represent a vicariant lineage of the *Australonura* from Australia and New Guinea.

DEHARVENG, L., 1988. — Collemboles Poduromorpha de Nouvelle-Calédonie. 5. Deux genres nouveaux de Neanurinae (Neanuridae). *In* : S. TILLIER (ed.), Zoologia Neocaledonica, Volume 1. *Mém. Mus. natn. Hist. nat.*, (A), **142** : 45-52. Paris ISBN : 2-85653-163-6

Le riche matériel de faune édaphique récolté par les chercheurs du Muséum national d'Histoire naturelle dans le cadre de l'Action spécifique « Évolution et Vicariance en Nouvelle-Calédonie » nous apporte les premières informations significatives sur les Collemboles Neanurinae de Nouvelle-Calédonie.

Deux grandes lignées sont représentées : la lignée lobellienne et une lignée, issue manifestement des *Paleonura*, qui présente quelques similitudes avec les *Ectonura* CASSAGNAU, 1980, sud-africains. L'absence du genre *Australonura* CASSAGNAU, 1980, dans les collections examinées est d'autant plus étonnante qu'il est bien diversifié dans les régions voisines (Australie, îles Salomon, Nouvelle-Guinée et Nouvelle-Zélande), et que les seuls Neanurinae décrits à ce jour de Nouvelle-Calédonie sont le lobellien *Lobella (Propeanura) araucariae* YOSII, 1960, et *Australonura novaecaledoniae* (YOSII, 1960) (= *Neanura novaecaledoniae* YOSII, 1960), **comb. nov.**, tous deux de l'île des Pins.

Au sein de ces deux grands ensembles, on observe une diversification remarquable des structures morphologiques (tuberculisation et chétotaxie en particulier) qu'il conviendra de traduire par l'établissement de nouveaux cadres génériques. A ce niveau, on se heurte toutefois à l'évolution en continuum au sein de l'immense ensemble paléonurien primitif, et à notre méconnaissance de la structure taxonomique des lobelliens. Dans un premier temps, seuls les genres les mieux caractérisés pourront donc être décrits ; les deux genres que nous proposons dans cet article (*Caledonura* n. g. et *Parectonura* n. g.) appartiennent à cette dernière catégorie.

Parectonura n. gen.

Diagnose : Neanurinae dépourvu de pigment bleu hypodermique et de pigment oculaire. Habitus trapu. Tubercules dorsaux bien différenciés ; grain tertiaire fort ; pas de réticulations nettes. Soies ordinaires dorsales fortes, ciliées. Chétotaxie des tergites réduite, sans soies s surnuméraires. 2 + 2 cornéules. Soie s 7 d'Ant. IV non hypertrophiée. Pas de soies surnuméraires dorsale sur Ant. IV. Chétotaxie labrale ?2,4. Pièces buccales réduites, de type suceur. Six tubercules céphaliques : Cl, 2 (2 An + Oc), (2 Di + 2 De) et 2 (Dl + L + So) ; le tubercule frontal est

abscnt. Lcs soics A et Di 1 sont absentes sur la tête. Sur Th. I et Abd. IV, les soies dorso-internes sont absentes ; sur Abd. I à III, elles sont soit absentes, soit réduites à des embases vestigiales ; sur tous ces tergites, les tubercules dorso-internes sont absents ou très réduits. Tubercules dorso-internes d'Abd. V fusionnés sur l'axe médian. Griffe inerme.

Espèce-type : *Parectonura ciliata* n. sp.

Derivatio nominis : le nom du genre rappelle certaines similitudes avec les *Ectonura* sud-africains.

Parectonura ciliata n. sp.

Matériel et localité-type : holotype femelle et 1 paratype mâle : Nouvelle-Calédonie, Mont Panié, station 294 b, pente est, 1 350 m., forêt humide d'altitude, *Agathis* sur schistes, 24-VI-1987 (A. TILLIER & C. IHILY).
Holotype déposé au Muséum national d'Histoire naturelle, paratype dans la collection de l'auteur.

Description : longueur : 0,6-0,9 mm. Habitus trapu, convexe, rappelant certains *Vitronura*. Coloration blanche en alcool, yeux non pigmentés. Tubercules dorsaux bien développés ; sur les tergites, ils sont constitués de 5 (parfois 4) tubercules élémentaires disposés en rosette autour du macrochète de chaque groupe de soies. Les tubercules élémentaires sont le plus souvent indiqués par un grain tertiaire fort, sans réticulation bien nette. Soies ordinaires dorsales de 4 types : macrochètes épais, assez longs, densément ciliés-écailleux de tous côtés sur les 3/4 de leur longueur (fig. 7-8) ; macrochètes plus courts, à cils moins nombreux et disposés d'un seul côté ; macrochètes semblables aux macrochètes ventraux, lisses et aigus (ces 2 derniers types sur la partie latérale des tergites, fig. 3-5) ; microchètes très petits (soies G sur la tête), parfois réduits à leur seule embase (Di 1 de Abd. I à Abd. III). Soies s fines, lisses, assez longues.

Tête (tab. 1 et fig. 1). 2 + 2 cornéules de petite taille. Antennes trapues. On note 2 gros macrochètes ciliés écailleux sur Ant. I, les autres soies ordinaires de l'antenne étant lisses et aiguës. Soies de garde de l'organite d'Ant. III inégales,

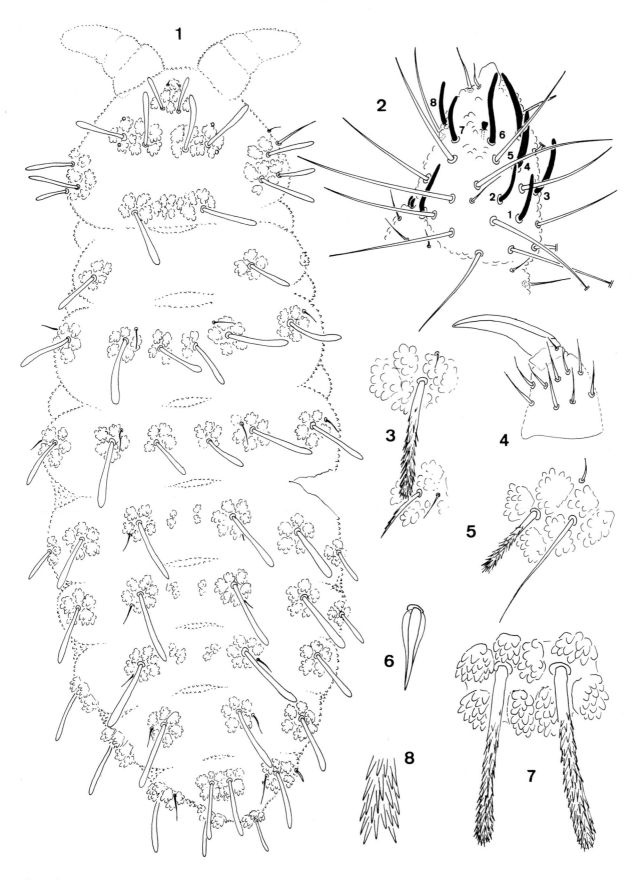

FIG. 1-8. — *Parectonura ciliata* n. g., n. sp. — 1. Chétotaxie et tubercules dorsaux ; 2. Ant. IV en vue dorsale (1 à 8 : soies s 1 à s 8) ; 3. Tubes latéraux d'Abd. II et III ; 4. Tibiotarse et griffe de PI ; 5. Tubercule latéral d'Abd. IV ; 6. Soie antégénitale chez le mâle ; 7. Tubercule (Di + Di) d'Abd. V ; 8. Détail d'un macrochète Di d'Abd. V.

TABLEAU 1. — *Parectonura ciliata* n. gen., n. sp.

Chétotaxie céphalique

Groupe de soies		Tubercule	Nombre de soies	Types de soies	Soies
Cl		+	4	M mi	F G
2 An + Oc		+	2	M	B, Ocm
2 (Di + De)		+	2	M	Dei 1
Dl + L + So		+	8	M M lisses petit mé	(3) (1) (4)
Vi Ve ?5 7	Labre ?/2,4	Labium 11,0x	Ant. I, II 7,11	Ant. III 17 + 5 s	Ant. IV i + or + 12 mou + 8 s

Chétotaxie postcéphalique

	Di	De	Dl	L	Scx2	Cx	Tr	F	T
Th. I	0	1	1	—	?0	3	6	13	18
II	1	1 + s	1 + s + ms	2	?	?	6	12	18
III	1	1 + s	1 + s	2	?	?	6	11	17
Abd. I	0	1 + s	1	?1	TV : 4				
II	0	1 + s	1	2	Ve : 3 (Ve 1 présent)				
III	0	1 + s	1	2	Ve : 2 Fu : 3 mé, Omi				
IV	0	1 + s	1	3	Ve : 5 Vl : 4				
V	(1 + 1)........ 2 + s 2				Ag : 3 Vl : inclus dans L				
VI	.... 6				Ve : 12 An : 2 mi				

la ventrale plus épaisse et plus longue que la dorsale. Ant. IV avec une vésicule apicale entière ; les soies mousses sont longues ; les soies s 3 à s 6 sont subégales, grandes et épaisses, plus fortes que les soies s 1, s 2, s 7 et s 8 (fig. 2). Cône buccal allongé. Maxille styliforme, mandibule grêle, bidentée (?). Labre allongé-arrondi à l'extrémité.

Segments postcéphaliques (tab. 1, fig. 1). Chétotaxie dorsale très réduite ; sur les tubercules Di, les macrochètes Di 1 ne subsistent que sur Th. II, th. III et Abd. V, les autres soies ayant partout disparu à l'exception d'embases vestigiales sur Abd. I à III ; sur De et Dl ne subsistent

que les macrochètes De 1 et Di 1 ; les soies s ne sont pas affectées par cette paurochaetose. Soies antégénitales du mâle modifiées, élargies (fig. 6). Griffe grande, sans dent ; tibiotarse sans soie M (fig. 4).

Derivatio nominis : le nom de l'espèce fait référence à la forte ciliature de ses macrochètes dorsaux.

Discussion : les apomorphies qui définissent le nouveau genre *Parectonura* au sein des lignées issues du stock paléonurien (2 + 2 ou 0 cornéules, pas de pigment, pièces buccales réduites) sont les suivantes :

— 1. Tuberculisation bien développée.
— 2. Soudure des tubercules Oc et An sur la tête, caractère jusque-là propre au genre *Ectonura*.
— 3. Disparition du tubercule et des soies céphaliques frontales (observée également chez quelques *Paleonura* asiatiques inédits et chez *Ectonura oribiensis* (COATES, 1968)).
— 4. Absence des soies Di céphaliques.
— 5. Soudure en une seule plaque impaire des tubercules postérieurs Di et De de la tête. Ce caractère n'était jusqu'ici connu que dans la lignée néanurienne, chez les genres *Monobella* d'Europe et *Christobella* Fjellberg, 1985, de la région néarctique.
— 6. Disparition du tubercule et de la soie Di sur Th. I, évolution déjà observée dans les lignées très éloignées comme les genres *Bilobella* Caroli, 1912 (lignée bilobellienne) ou *Americanura* Cassagnau, 1983 (lignée sensillanurienne).
— 7. Soudure des tubercules Di d'Abd. V sur l'axe (fig. 7).
— 8. Chétotaxie dorsale très réduite rappelant celle de certains *Americanura* d'Amérique latine.

C'est avec le genre *Ectonura* que *Parectonura* présente les plus fortes similitudes (caractères 1, 2 et 3). Le nouveau genre est toutefois plus évolué par sa tuberculisation et la forte régression de sa chétotaxie dorsale. Du point de vue phylétique, il n'est pas possible de se prononcer tant que les formes plus primitives de la même région, dérivées du stock paléonurien, n'auront pas été étudiées en détail.

Caledonura n. gen.

Diagnose : Neanurinae dépourvu de pigment bleu hypodermique et de pigment oculaire. Habitus trapu. Tubercules dorsaux bien différenciés ; réticulations nettes. Soies ordinaires dorsales fortes, ciliées. Chétotaxie des tergites faiblement réduite, sans soies s surnuméraires. 2 + 2 cornéules. Soie s 7 d'Ant. IV non hypertrophiée. Pas de soies surnuméraires dorsales sur Ant. IV. Chétotaxie labrale ?2,4. Pièces buccales réduites, de type suceur. Cinq tubercules céphaliques : Cl + 2 An + Fr + 2Oc), 2 (Di + De) et 2 (Dl + L + So). Les soies Di 1 sont présentes sur la tête. Tubercules et soies dorso-internes sont absents sur Th. I, présents sur Abd. I-IV. Tubercules dorso-

internes d'Abd. V fusionnés sur l'axe médian. Griffe inerme.

Espèce-type : *Caledonura tillierae* n. sp.

Derivatio nominis : de Nouvelle-Calédonie.

Caledonura tillierae n. sp.

Matériel et localité-type : holotype femelle : Nouvelle-Calédonie, Mont Panié, station 295, 164°45'57" E, 20°35'27" S, sommet, 1 620 m, maquis *Agathis-Araucaria*, 19-XI-1986 (A. & S. TILLIER).

Paratype femelle : Mont Panié, station 294 b, pente est, 1 350 m. forêt humide d'altitude, *Agathis* sur schistes, 24-VI-1987 (A. TILLIER & C. IHILY).

Holotype déposé au Muséum national d'histoire naturelle, paratype dans la collection de l'auteur.

Description : longueur : 1,4-1,7 mm. Habitus trapu, convexe. Coloration blanche en alcool, yeux non pigmentés. Tubercules dorsaux très développés. Le grain tertiaire forme des mamelons élevés, soulignés par des réticulations (fig. 12-13). Il est distribué de façon caractéristique, en rosette de 4 à 7 éléments autour de chaque macrochète dorsal. Quelques altérations à ce schéma se produisent lorsqu'il y a fusion de tubercules, par exemple sur la tête. Soies ordinaires dorsales robustes, densément ciliées de tous côtés sur les 3/4 de leur longueur, différenciées en macrochètes longs et courts (fig. 10). Soies s fines, grêles, assez longues.

Tête (tab. 2 et fig. 9). 2 + 2 cornéules de taille moyenne. Antennes trapues à soies s 1 à s 8 épaissies. Vésicule apicale d'Ant. IV trilobée. Cône buccal long. Labre ogival très allongé.

Segments postcéphaliques (tab. 2, fig. 9-14). Tergites caractérisés par l'indépendance des tubercules dorsaux, à l'exception des Di d'Abd. V qui sont soudés sur la ligne médiane. Les tubercules latéraux d'Abd. V sont situés en position ventro-externe, séparés des (De + Dl) (fig. 14). On observe une multiplication des soies antégénitales Ag sur Abd. V. Griffe forte, inerme ; tibiotarse apparemment dépourvu de soie ventrale M (à confirmer) (fig. 11).

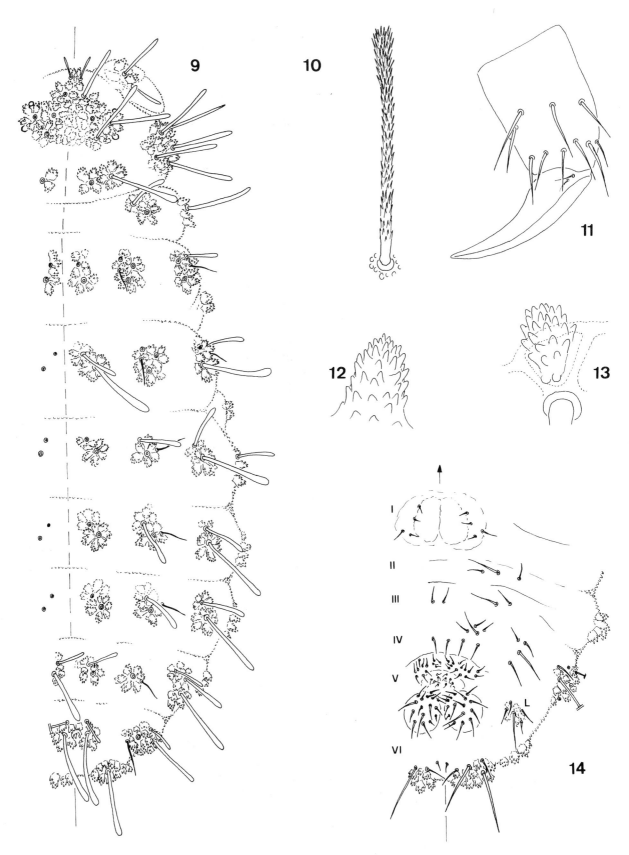

Fig. 9-14. — *Caledonura tillierae* n. g., n. sp. — 9. Chétotaxie et tubercules dorsaux ; 10. Macrochète Di 1 d'Abd. V ; 11. Tibiotarse et griffe de PI ; 12. Tubercule élémentaire (grain tertiaire) d'Abd. VI ; 13. Tubercule élémentaire et réticulation associé sur le tubercule Di de Th. III ; 14. Chétotaxie abdominale ventrale (L : tubercule latéral d'Abd. V ; I à VI : Abd I à VI).

TABLEAU 2. — *Caledonura tillierae* n. gen., n. sp.

Chétotaxie céphalique

Groupe de soies	.	Tubercule	Nombre de soies	Types de soies	Soies
Cl + 2 An + Fr + 2 Oc		+	10	Ml Mc	A ou Ocp, B, F, Ocm G
Di + De		+	2	Ml	Di 1, De 1
Dl + L + So		+ −		Ml me	(5) > 2
Vi Ve	Labre ?/2,4	Labium	Ant. I, II	Ant. III	Ant. IV i + or + 12 mou + 8 s

Chétotaxie postcéphalique

	Di	De	Dl	L	Scx2	Cx	Tr	F	T
Th. I	0	2	1	−		3	6		?18
II	2	3 + s	3 + s + ms	3		?7	6		?18
III	2	3 + s	3 + s	3			6		?17
Abd. I	2	2 + s	2	3	TV : 4				
II	2	2 + s	2	3	Ve : 3				
III	2	2 + s	2	3	Ve : 2	Fu : 2 mé, Omi			
IV	2	1 + s	3	6	Ve : 7	Vl : 4			
V	(2 + 2)........ 3 + s 4-5				Ag : 11-14	Vl : inclus dans L			
Abd. VI	.... 7				Ve : 14	An : 2 mi			

Glandes salivaires : elles possèdent 2 + 2 lobes bien développés qui renferment chacun 3 cellules à chromosomes géants ; ce nombre est celui rencontré habituellement chez les *Australonura*.

Derivatio nominis : espèce cordialement dédiée à Mme A. TILLIER qui a récolté un grand nombre des Neanurinae néo-calédoniens actuellement à l'étude.

Discussion : la forme des soies, la soudure des tubercules céphaliques latéraux (L + Dl + So), l'absence de soie Di sur Th. I et la soudure des tubercules Di sur Abd. V rapprochent notre nouveau genre de *Parectonura*, décrit dans ce même travail. Il s'en écarte par un ensemble de caractères importants, les uns plus évolués (soudure en une seule plaque des tubercules céphaliques centraux Oc, Af, Fr et Cl), les autres plus archaïques (tubercules Di non soudés sur la tête, chétotaxie dorso-interne non régressée). Ces deux genres appartiennent probablement à une même lignée, vicariante des *Australonura* d'Australie — Nouvelle-Guinée. L'origine de cette nouvelle lignée est à rechercher parmi les *Paleonura*, dont certains représentants encore inédits, caractérisés par une migration centrifuge des soies céphaliques centrales rappelant les *Ectonura* sud-africains, sont fréquents dans les relevés du sud-est de l'île. La question des affinités avec les *Ecto-* *nura* reste posée, d'autant que plusieurs formes néo-calédoniennes que nous avons pu examiner peuvent difficilement être séparées de ce dernier genre.

RÉFERENCES BIBLIOGRAPHIQUES

CASSAGNAU, P., 1983. — Un nouveau modèle phylogénétique chez les Collemboles Neanurae. *Nouv. Rev. Entomol.,* **13** (1) : 3-27.

FJELLBERG, A., 1985. — Arctic Collembola. I. Alaskan Collembola of the families Poduridae, Hypogastru- ridae, Odontellidae, Brachystomellidae and Neanuridae. *Entomol. Scand.,* **21** : 1-126.

YOSII, R., 1960. — On some Collembola of New Caledonia, New Britain and Solomon islands. *Bull. Osaka Mus. nat. Hist.,* **12** : 9-38.

7

Phasmatodea de Nouvelle-Calédonie
1. Nouvelles signalisations et description de *Microcanachus* n. gen.

Michel DONSKOFF

Muséum national d'Histoire naturelle
Laboratoire d'Entomologie, CNRS UA 42
45, rue Buffon
75005 Paris

RÉSUMÉ

Les 14 espèces de Phasmes citées ont été collectées après 1915, date de la dernière étude d'ensemble des Phasmatodea en Nouvelle-Calédonie. Elles appartiennent aux familles des Phyllidae et des Phasmatidae. Dans cette dernière, la majorité des espèces appartiennent aux Eurycanthinae ; les autres se répartissent entre les Phasmatinae, les Patycraninae et les Xeroderinae. Une clé préliminaire simple permet de les séparer. Un genre nouveau, monotypique, d'Eurycanthinae, est décrit : *Microcanachus matileorum* n. gen., n. sp.

ABSTRACT

The 14 species of stick-insects studied have been collected after 1915, date of the last general study of the New Caledonian Phasmatodea. They belong to two families, the Phyllidae and the Phasmatidae. In the latter family, most of the species belong to the Eurycanthinae ; the other belong to the Phasmatinae, the Platycraninae and the Xeroderinae. A simple, provisional key to these species is given. A new monotypic genus of the Euryacanthinae is described : *Microcanachus matileorum* n. gen., n.sp.

DONSKOFF, M., 1988. — Phasmatodea de Nouvelle-Calédonie. 1. Nouvelles signalisations et description de *Microcanachus* n. gen. *In* : S. TILLIER (ed.), Zoologia Neocaledonica, Volume 1. *Mém. Mus. natn. Hist. nat.*, (A), **142** : 53-60. Paris ISBN : 2-85653-163-6

Les Phasmes ont fait l'objet de nombreuses études partielles et STÅL disait dès 1875 : « Il existe probablement à peine une autre famille d'Insectes dans laquelle l'incertitude et le désordre soient plus grands ». Étudiant les 95 genres existant à cette époque, il établissait une clé dans laquelle il voulait « donner l'affinité naturelle et la relation généalogique des espèces », tout en sachant que l'apport de matériel nouveau contraindrait à remanier toute la classification. C'est ce que firent K. BRUNNER VON WATTENWYL & J. REDTENBACHER en 1908, en étudiant 329 genres. Plus récemment, en 1977, J. C. BRADLEY & B. S. GALIL proposent une classification qui, prenant en compte la répartition des espèces proposée par K. GÜNTHER en 1953, se traduit par une nouvelle clé. C'est cette classification qui sera utilisée dans notre étude des Phasmes de Nouvelle-Calédonie.

La dernière étude d'ensemble de cette faune remonte à 1915 : c'est celle faite par J. CARL à partir des collectes de ROUX & SARASIN. Un certain nombre d'insectes sont venus depuis enrichir les collections du Laboratoire d'Entomologie du Muséum national d'Histoire naturelle, à Paris, et notamment ces dernières années le matériel récolté par divers participants à l'Action spécifique du Muséum, « Évolution et vicariance en Nouvelle-Calédonie », ainsi que par des chercheurs de l'ORSTOM. L'inventaire présenté ici n'est que partiel, car il serait prématuré, dans le cycle des prospections actuelles, de décrire des espèces dont on ne connaît qu'un seul individu. Cependant, je suis en mesure de traiter ici quatorze espèces de Phasmes. Treize ont été citées par J. CARL (1915), la quatorzième est décrite ici dans un genre nouveau. Ces espèces appartiennent au sous-ordre des Areolatae, avec la famille des Phyllidae, et à celui des Anareolatae, avec les Phasmatidae. Chez ces derniers, la majorité des espèces (10) appartiennent aux Eurycanthinae ; les Xeroderinae comptent deux espèces, les Phasmatinae et les Platycraninae une seule.

Des programmes d'inventaire sont actuellement en cours, et il est donc prématuré d'établir une Faune des Phasmes de Nouvelle-Calédonie. Il est cependant urgent de donner un outil de travail aux différents spécialistes travaillant à ces programmes. Nous proposons une clé d'identification très simple des espèces déjà reconnues ; dans une publication à venir, cette clé sera accompagnée d'une illustration plus abondante. Dans les nouvelles signalisations, ne sont citées que les récoltes aux localités précises.

CLÉ DES PHASMES DE NOUVELLE-CALÉDONIE

SOUS-ORDRE DES AREOLATAE

Carène médiane inférieure des tibias médians et postérieurs bifurquée avant l'apex, délimitant une aréole triangulaire.

Une seule famille, celle des Phyllidae : en forme de feuille. Bords de l'abdomen, fémurs et tibias foliacés. Elytres ♀ larges, recouvrant presque l'abdomen, ceux du ♂ dépassant le thorax.

Genre : *Chitoniscus* Stål, 1875. Espèce : *C. brachysoma* Sharp, 1898.

SOUS-ORDRE DES ANAREOLATAE

Carène médiane inférieure des tibias médians et postérieurs se prolongeant jusqu'à l'apex, pas d'aréole triangulaire.

Une seule famille, celle des Phasmatidae. Antennes fortes, bien segmentées ; si elles sont plus courtes que les fémurs antérieurs, les fémurs ♀ sont distinctement serrulés à la base de la face dorsale ; si elles sont plus longues que les fémurs antérieurs et plus courtes que le corps, alors la carène médiane ventrale des fémurs médians et postérieurs est serrulée ou épineuse.

CLÉ DES GENRES ET DES ESPÈCES DE PHASMATIDAE DE NOUVELLE-CALÉDONIE

1 (2) Fémur I à section triangulaire, et serrulé au moins à la base dorsalement ; ailes réduites ou mésonotum plus long que le métanotum (PHASMATINAE). Genre *Gigantophasma* SHARP, 1898 . . . . *G. bicolor* SHARP, 1898

2 (1) Fémur I à section rarement triangulaire (dans ce cas, fémur I ni serrulé, ni denté à la base), à 4 carènes bien distinctes, leurs bases et les carènes non serrulées.

3 (14) Oviscapte ♀ en forme de bec sans suture formé par l'opercule et la plaque suranale. Fémur III ♂ souvent épais et épineux (EURYCANTHINAE).

4 (5) Base du fémur I arquée. Genre *Asprenas* STÅL, 1875 . . . . . *A. brunneri* (STÅL, 1875) . . . . . . *A. gracilipes* REDTENBACHER, 1908

5 (4) Base du fémur I droite.

6 (7) Segments abdominaux portant des lobes latéraux. Genre *Cnipsus* REDTENBACHER, 1908. . . . . *C. rhachis* (SAUSSURE, 1871)

7 (6) Segments abdominaux sans lobes latéraux.

8 (9) Corps dépourvu d'épines. Genre *Microcanachus* n. gen. . . . . *M. matileorum* n. sp.

9 (8) Corps épineux.

10 (11) Mésonotum à carène médiane élevée. Genre *Labidiophasma* CARL, 1915 . . . . *L. rouxi* CARL, 1915

11 (10) Mésonotum plat, sans carène élevée.

12 (13) Fémur III dilaté. Genre *Canachus* STÅL, 1875. . . *C. alligator* REDTENBACHER, 1908 . . . . *C. crocodilus* STÅL , 1875 . . . . *C. harpya* REDTENBACHER, 1908 . . . . *C. salamandra* STÅL, 1875

13 (12) Fémur III non dilaté. Genre *Paracanachus* CARL, 1915. . *P. circe* (REDTENBACHER, 1908)

14 (3) Oviscapte formé par l'opercule et la plaque suranale non en forme de bec. Fémur III ♂ jamais épais ni épineux.

15 (16) Carène ventro-latérale des fémurs II et III finement serrulée ou lisse ; fémur I non comprimé à la base (PLATYCRANINAE). Genre *Graeffea* BRUNNER, 1868 . . . . *G. coccophaga* (NEWPORT, 1844)

16 (15) Carènes des fémurs à lobes dentés ; fémur I nettement aplati (XERODERINAE).

17 (18) Métathorax muni de lobes foliacés mobiles. Genre *Nisyrus* STÅL, 1875 . . . . *N. amphibius* STÅL, 1877.

18 (17) Métathorax sans lobes foliacés mobiles. Genre *Leosthenes* STÅL, 1875 . . . . *L. aquatilis* STÅL, 1875

ESPÈCES RÉCOLTÉES

Sous-ordre Areolatae. Famille des Phyllidae

Chitoniscus brachysoma SHARP, 1898

Femelles. — St Louis, 24.IV.1963, III.1966, 31.X.1978. Habitation Mont Dore, 16.I.1967. Houaïlou, 24.X.1972. Col. de Nassirah, 16.

V.1976 (E. HÉNIN). Nouméa, 19.IV.1978 (A. DELOBEL).

Juvéniles. — Nouméa, 31.VIII.1973 (J. RIVATON), Canala, Caferie, 18.X.1976, Nouméa, Parc forestier, 30.IX.1976 (SOEBADI & SOENARIO).

Sous-ordre Anareolatae. Famille des Phasmatidae

Sous-famille des Eurycanthinae

Asprenas brunneri (STÅL, 1875)

Femelle. — Forêt de la Thi, 22.II.1957 (J. RAGEAU).

Asprenas gracilipes REDTENBACHER, 1908

Femelles. — Vallée de la Nimbo, St. 216, 166° 22′49″ E, 21°43′02″ S, 20 m., forêt humide, 3.XI. 1984 (S. TILLIER, Ph. BOUCHET & A. TRICLOT).

Rivière Blanche, Parc de réadaptation des Cagous, forêt humide sur pente, nuit, IV.1987 (Y. LETOCART).

Canachus alligator REDTENBACHER, 1908

1 ♂, 1 ♀ : Vallée de la Thi, 9.IV.1978 (J. RIVATON). 1 ♂ : N. Col de Mouirange, St. 232, 166°39′52″ E, 22°11′57″ S, 220-230 m., forêt humide de thalweg, 12.XI.1984 (A. & S. TILLIER, Ph. BOUCHET, A. TRICLOT & J. C. BALOUET). 1 ♂ : Rivière Blanche, Parc de réadaptation des Cagous, forêt humide sur pente, II.1987 (Y. LETOCART). 1 ♂, 2 ♀ : Mt Do, St. 312, 165°59′33″ E, 21°45′37″ S, 840 m., forêt humide à Araucarias, 2.IV.1987 (A. & S. TILLIER & MONNIOT).

Canachus crocodilus STÅL, 1875

1 ♀ : Creek Tchitt (*Cyphosperma balansae*), 21.XI.1978. 1 ♀ : Mandjelia, VIII.1986 (*Toyon*).

Canachus harpya REDTENBACHER, 1908

1 ♂ : Forêt de la Thi, II.1987. Nouméa, Mt. Dzumac, 22.IX.1971. Le long de la rivière Mt. Mou (Païta), 9.II.1972, 3 ♀ : Hte Kalouehola, flanc E, St. 219, 166°26′42″ E, 21°59′20″ S, 930 m. maquis haut et forêt humide sur péridotites, 24.XI.1984 (A. & S. TILLIER, Ph. BOUCHET & A. TRICLOT). 1 ♀ : Kouakoué, arête Sud, St. 226, 166°32′36″ E, 22°01′16″ S, 1 000-1 100 m., forêt d'altitude, 28.X.1984 (S. TILLIER, Ph. BOUCHET & M. P. TRICLOT).

Canachus salamandra STÅL, 1875

1 ♀ : Rivière Bleue, 24.IV.1965 (HUGUENIN). 1 ♂ : forêt de Belep, 19.XII.1978 (D. BOURRET). 1 ♂ : Mt Tiebaghi, 22.II.1981 (M. BRÉZIL). 1 ♂ : Ménazi, NW du Sommet, St. 207, 165°41′45″ E, 21°26′50″ S, 1 020 m., forêt humide à Araucarias sur péridotites, 10.X.1984 (S. TILLIER, Ph. BOUCHET & M. P. TRICLOT). 1 ♂ : Ménazi, E du Sommet, St. 206, 165°44′56″ E, 21°26′37″ S, 850 m, forêt humide de thalweg à Araucarias sur péridotites, 18.X.1984 (S. TILLIER, Ph. BOUCHET & M. P. TRICLOT). 1 ♂ : Mt Poinda, flanc S, St. 199, 164° 53′00″ E, 20°51′11″ S, 290 m., forêt sèche sur sol minier, secondarisée, 24.X.1984 (S. TILLIER, Ph. BOUCHET & M. P. TRICLOT).

Microcanachus n. gen.

Diagnose : insecte brun, de petite taille (mâle : env. 25 mm. avec les antennes). Corps plat, sans épines. Antennes plus longues que les fémurs antérieurs. Thorax aussi long que l'abdomen, légèrement tectiforme. Pronotum trapézoïdal rétréci vers l'avant. Ailes vestigiales. Métapleures non dentés. Fémurs postérieurs dentés à la face inférieure. Cerques du mâle petits, plaque sous-génitale femelle longue et aiguë.

Espèce-type : *Microcanachus matileorum* n. sp.

FIG. 1 — *Microcanachus matileorum* n. gen. n. sp., Holotype ♂.

Microcanachus matileorum n. sp.

Description : Holotype mâle. — Habitus : fig. 1. Antennes de 19 articles (fig. 12). Tête ronde de dessus et inerme. Mésonotum, métanotum, avec le segment médiaire, subcarrés (fig. 2). Ailes rudimentaires. Patte antérieure inerme ; fémur médian à épine subapicale externe, tibia médian à carène médiane inférieure dépassant le milieu et terminée par une épine (fig. 10) ; fémur postérieur (fig. 9) inerme dessus, marqué de 6-7 chevrons latéraux peu visibles, carène médiane inférieure à deux épines submédianes, carène inféro-interne à quatre épines dont une apicale, carène inféro-externe à deux épines, dont une apicale. Tibia postérieur lisse dessus, à deux épines post-médianes sur chacune des trois carènes. Tarses de cinq articles, le dernier aussi long que les quatre autres ensemble. Abdomen cylindrique régulier, tergite X triangulaire échancré, cerques petits, triangulaires subaigus, sternite IX à bords postérieurs arrondis (fig. 4).

Allotype femelle. — Antennes de 21 articles (fig. 13). Plaque sous-génitale longue, aiguë, plus courte que la plaque suranale, aiguë elle aussi. Valves inférieures et interne de l'oviscapte aiguës et égales, valves supérieures petites, triangulaires (figs. 7-8).

	L	Ant	PN	MN	MtN	Fp	Tp	Fa	Ta
♂	20	5,5	2,0	3,0	4,0	4,0	3,0	3,0	3,0
♀	27,5	5,5	2,8	4,0	5,0	5,5	4,5	4,0	3,5

Matériel-type : Holotype mâle : Rivière Bleue, St. 251 J, parcelle VII-W, 166°40'01″ E, 22°05'59″ S, 170 m., forêt humide sur pente, 16. VI.1987 (S. TILLIER).
Allotype femelle : Monts Koghis, 420 m, litière forestière, 21.XII.1983 (L. & D. MATILE).
Paratype femelle : Rivière Bleue, St. 251 h, parcelle VII-R, 166°40'01″ E, 22°05'59″ S, 170 m, forêt humide sur pente, 14.IV.1987 (A. & S. TILLIER).
Holotype, allotype, paratype et juvéniles déposés au Muséum national d'Histoire naturelle, Paris.

Autre matériel : juvéniles : Carénage, Baie du Prony, St. 237, 166°50'00″ E, 22°10'20″ S, 2-10 m., forêt sèche sur sol minier, bord de mer, 20.XI.1984 (A. & S. TILLIER & Ph. BOUCHET).

Rivière Bleue, St. 251, parcelle VII-V, 166° 40'01″ E, 22°05'59″ S, 170 m., forêt humide sur pente, 15.VIII.1986 (A. & S. TILLIER). Mont Panié, pente E, St. 291, 164°47'03″ E, 20°33'31″ S, 420 m., forêt humide sur schistes, 18.XI.1986 (J. CHAZEAU & A. & S. TILLIER). Mt. Table Unio, St. 315, 165°47'25″ E, 21°33'03″ S, 650 m., forêt humide, 26.V.1987 (A. & S. TILLIER). Dent de St Vincent, arête S, St. 318, 166°12'59″ E, 21°32'03″ S, 1 170 m., forêt humide limite mousses, 5.VIII. 1987 (A. & S. TILLIER, L. BONNET DE LARBOGNE & Y. LETOCART).

Localité type : Rivière bleue, 170 m.

Derivatio nominis : Je dédie cette espèce à Danièle et Loïc MATILE, qui ont découvert le premier exemplaire ; je remercie également les autres collecteurs pour leur acharnement à la retrouver.

Discussion : la série de *Microcanachus matileorum* ne contient que trois adultes (un mâle et deux femelles). Je rappelle que les sexes peuvent se reconnaître au nombre d'articles antennaires : 19 pour le mâle et 21 pour la femelle.

Cette espèce découverte en 1983 aux Monts Koghis dans un prélèvement de litière de feuilles mortes a été rapportée vivante au Laboratoire d'Entomologie du Muséum. Avant de mourir, la femelle a pondu un œuf, qui n'a malheureusement pas éclos. Cette découverte a incité les prospecteurs du Muséum à rechercher activement le mâle, car de nombreuses espèces de Phasmes sont parthénogénétiques. Ce petit insecte collé par la boue à la face inférieure des feuilles humides de la litière forestière est très difficile à découvrir. Un élevage permettrait détudier sa biologie et son régime alimentaire. *Microcanachus matileorum* nous réserve encore bien des surprises !

Cnipsus rhachis (SAUSSURE, 1868)

1 ♂ : Plateau de Dogny, 1910 (LELAT). 1 ♂ : Col de la Pirogue, « moss on tree », I.1959 (L. DEVAMBEZ). 5 ♂ : environs de Nouméa, 19.II.1975 (J. BENNET). 1 ♂ : Aoupinié, 24. XI.1978. 1 ♂ : Barrage de la Néaoua (Ouen-Sieu), St. 210, 165°32'35″ E, 20°21'57″ S, 500 m., forêt humide, 20.XI.1984 (A. & S. TILLIER, Ph. BOUCHET & M. P. TRICLOT). 2 ♂ : Mt. Table

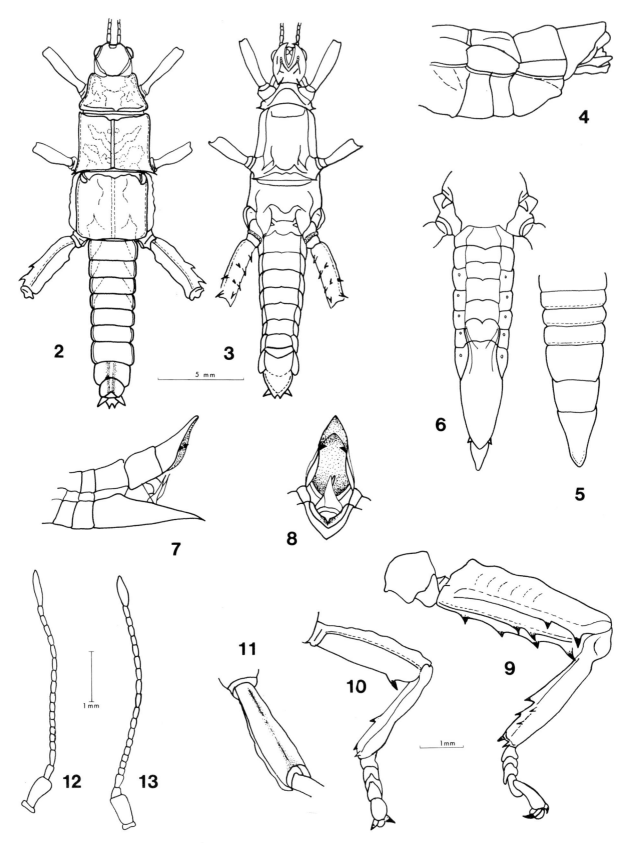

Fig. 2-13. *Microcanachus matileorum* n. gen. n. sp., détails de la morphologie. — 2. Face dorsale de l'Holotype ♂ ; 3. Face ventrale de l'Holotype ♂ ; 4. Extrémité abdominale de l'Holotype ♂, en vue latérale ; 5. Face dorsale de l'abdomen de l'Allotype ♀ ; 6. Face ventrale de l'abdomen de l'Allotype ♀ ; 7. Extrémité abdominale de l'Allotype ♀, en vue latérale ; 8. Extrémité abdominale de l'Allotype ♀, en vue arrrière ; 9. Patte postérieure de l'Holotype ♂ ; 10. Patte médiane de l'Holotype ♂ ; 11. Fémur antérieur de l'Holotype ♂ ; 12. Antenne de l'Holotype ♂ ; 13. Antenne de l'Allotype ♀.

Unio, St. 315, 165°47'25" E, 21°33'03" S, 650 m., forêt humide, 26.V.1987 (A. & S. TILLIER).

Labidiophasma rouxi CARL, 1915

1 ♂, 1 ♀ : Kouakoué, arête S, St. 228, 166°31'36" E, 22°01'16" S, 1 000-1 100 m., forêt d'altitude, 28.II.1984 (S. TILLIER, Ph. BOUCHET & M. P. TRICLOT). 1 ♀ : Vallée de la Ouinné, St. 240, 166°36'52" E, 22°33'10" S, 530 m., forêt à Araucarias sur péridotites, 23.XI.1984 (A. & S. TILLIER, Ph. BOUCHET & M. P. TRICLOT). 1 ♂ : Rivière Blanche, Parc de réadaptation des Cagous, forêt humide sur pente, nuit, IV.1987 (Y. LETOCART). 1 ♀ : Rivière Bleue, Parcelle VI-W, St. 250, 166°39'16" E, 22°06'13" S, 160 m., forêt humide sur alluvions, 25 m², 30.IV.1987 (MORDAN & A. & S. TILLIER). 1 ♂ : Dent de St Vincent, arête S, St. 318, 166°12'59" E, 21°52'03" S, 1 170 m., forêt humide, limite mousses, 5.VIII.1987 (A. & S. TILLIER, L. BONNET DE LARBOGNE & Y. LETOCART).

Sous-famille des Phasmatinae

Gigantophasma bicolor SHARP, 1898

2 ♂ : Ile de Maré, 1977, 30.I.1979.

Sous-famille des Platycraninae

Graeffea coccophaga (NEWPORT, 1844)

1 ♂ : Ile de Maré (Pénélo), 21.VIII.1957 (J. RAGEAU).

Sous-famille des Xeroderinae

Leosthenes aquatilis STÅL. 1875

1 ♂ : Mt. Mou (Païta), 30.XI.1956.

Nisyrus amphibius STÅL, 1877

1 ♀ : « Ouaïné » (Ouinné) 2.XII.1982 (MC. KENZIE).

REMERCIEMENTS

Je remercie G. Hodebert, du Laboratoire d'Entomologie du Muséum, pour le dessin si réaliste du mâle de la nouvelle espèce, ainsi que tous ceux qui ont contribué à l'inventaire des Phasmes de Nouvelle-Calédonie.

RÉFÉRENCES BIBLIOGRAPHIQUES

BRADLEY, J. C. & GALIL, B. S., 1977. — The taxonomic arrangement of the Phasmatodea with keys to the subfamilies and tribes. *Proc. entomol. Soc. Wash.,* **79** (2) : 176-208.

BRUNNER VON WATTENWYL, K., 1868. — Reisen im innern der Insel Viti Levu von Dr. Graeffe. *Festschr. aus die zurcherische Jugend. Naturf. Gesellsch. Zurich,* **70** : 1-46.

BRUNNER VON WATTENWYL, K. & REDTENBACHER, J., 1908. — Die Insektenfamilie der Phasmiden. Leipzig : 1-590.

CARL, J. 1915. — Phasmiden von Neu-Caledonien und den Loyalty-Inseln. *In* : SARASIN, F. & ROUX, J., Nova Caledonia, Recherches scientifiques en Nouvelle-Calédonie et aux Iles Loyalty. *A, Zoologie II, Kreidel, Wiesbaden* : 173-194.

GÜNTHER, K., 1953. — Uber die taxonomische Gliederung und die geographische Verbreitung der Insektenordnung der Phasmatodea. *Beitr. Entomol.,* **3** (5) : 541-563.

NEWPORT, G., 1844. — On the reproduction of lost parts in Myriapoda and Insects. *Philos. Trans. R. Soc. Lond. B. Biol. Sci.,* **136** : 283-294.

SAUSSURE (DE), H., 1868. — Phasmidarum novarum species nonnullae. *Rev. Mag. Zool.,* **20** : 63-70.

SHARP, D., 1898. — Account of the Phasmidae with notes on the eggs. *In* : Wiley, *Zoological results. Cambridge* : 75-94.

STÅL, C., 1875. — Recherches sur le système des Phasmides. *Bihang till K. Sveniska Vet. Akad.* Handlingar **2** (17) : 1-19.

STÅL, C., 1875. — Revue critique des Orthoptères décrits par Linné, de Geer & Thunberg. Recensio Orthopterorum. 3. Norstedt & Söner, Stockholm : 1-105.

STÅL, C., 1875. — Observations orthoptérologiques. *Bihang till K. Sveniska Vet. Akad.* Handlingar **3** (14) : 1-43.

STÅL, C., 1877. — Espèces nouvelles de Phasmides. *Ann. Soc. entomol. Belg.* **20**, C. R. Séance nov., LXII-LXVIII.

WESTWOOD. J. O., 1860. — Catalogue of Orthopterous Insects in the collection of the British Museum. Part 1. Phasmidae : 1-195.

8

Homoptères Cicadoidea de Nouvelle-Calédonie
1. Description d'un genre nouveau et de deux espèces nouvelles de Tibicinidae

Michel BOULARD

Muséum national d'Histoire naturelle
Laboratoire d'Entomologie
EPHE Biologie et Évolution des Insectes,
45, rue Buffon
75005 Paris

RÉSUMÉ

Deux espèces nouvelles de Cigales néo-calédoniennes appartenant à la famille des Tibicinidae sont décrites. L'une, étonnante par ses grandes dimensions, se place dans le genre *Kanakia*, qu'elle conduit à redéfinir ; l'autre de la taille d'une Cicadette, représente le genre nouveau *Myersalna*.

ABSTRACT

Two new species of Cicadas (Homoptera : Cicadoidea) belonging to the family of the Tibicinidae are described from New Caledonia. One, very surprising because of its size, is placed in the genus *Kanakia*, here newly defined ; the other, of the size of a like some Cicadetta, represents the new genus *Myersalna*.

BOULARD, M., 1988. — Homoptères Cicadoidea de Nouvelle-Calédonie. 1. Description d'un genre nouveau et de deux espèces nouvelles de Tibicinidae. *In* : S. TILLIER (ed.), Zoologia Neocaledonica, Volume 1. *Mém. Mus. natn. Hist. nat.*, (A), **142** : 61-66. Paris ISBN : 2-85653-163-6

De leurs voyages d'étude respectifs en Nouvelle-Calédonie, mes collègues et amis Louis BIGOT, d'une part, Jacques BOUDINOT & Jean LEGRAND, d'autre part, ont rapporté en tout une centaine de Cigales d'espèces variées. Ce matériel attire l'attention sur l'intérêt taxonomique et biogéographique de la faune cicadéenne de la Nouvelle-Calédonie. Cette faune, dont aucun des représentants ne s'est avéré véritablement nuisible, a été trop longtemps négligée ... faute de moyens d'investigations, de possibilités d'étude sur le terrain. Les seules notes à la fois descriptives et récapitulatives sur ce sujet sont dues à W. L. DISTANT ; elles datent de 1914 et 1920. Il y a donc lieu d'entreprendre l'étude biosystématique et biogéographique des Cigales néo-calédoniennes.

D'un premier examen des récoltes de nos collègues, il ressort deux espèces inédites ; l'une représente un genre nouveau et l'autre révèle l'existence dans le Territoire, d'une Cigale véritablement géante. Cette dernière appartient au genre *Kanakia*, que sa découverte conduit à redéfinir.

Kanakia Distant, 1892

Le genre *Kanakia* a été créé par DISTANT pour son espèce *K. typica*, jusqu'ici seule attribuée au taxon (fig. 1). Cependant, une étude générale et particulière du matériel maintenant à notre disposition oblige à donner une nouvelle diagnose générique, tout à la fois plus large, plus complète et plus précise. Ce taxon prend place près du genre *Malagasia*, endémique de Madagascar, avec lequel il constitue un groupe à part dans la tribu des Taphurini.

Diagnose : Tête au plus égale en largeur à celle du mésonotum ; sa longueur avoisinant la distance interocellaire postérieure. Yeux en ellipsoïdes allongés, subpédonculés et légèrement inclinés vers l'arrière. Sillon épicranial relativement large et profond.

Thorax : pronotum environ deux fois plus large que long ; l'aire externe particulièrement développée sur les côtés et dentée, lobes suprahuméraux modérément élargis. Mésonotum robuste, aussi long que l'avant du corps (= tête + thorax) ; x scutellaire largement dimensionné, mais peu élevé.

Ailes : topographie de la nervation : classique. Dans les ailes antérieures, nervures M et Cu1 sortant de la cellule basale en deux points éloignés, cellule postcostale quasi-virtuelle, deuxième ulnaire étroite et trapézoïdale, nervules antéapicales très obliques et souvent autrement colorées que l'ensemble de la nervation ; huit aréoles dans l'aire apicale. Dans les ailes postérieures, aire terminale hexaloculée.

Pattes : de dimensions moyennes, les fémurs antérieurs habituellement garnis de quatre épines sous-carénales de taille décroissante de la base à l'extrémité de l'article, la quatrième ou apicale, minuscule et très près de la troisième.

Abdomen : au moins aussi long et plus large que l'avant-corps chez les mâles, et toujours renflé en baudruche ; pygophore (urite IX) terminé par un processus caudal spiniforme et par deux longues expansions lamelliformes latérales ; phallicophore (urite X) avec un uncus dorsomédian et deux vastes lobes latéraux porteurs ; ces derniers prolongés chacun vers le bas ou vers l'arrière d'une étroite lame sclérifiée crochue et (ou) épineuse ; phallus de type cicadettéen. Abdomen dense et fortement conique chez les femelles.

Espèce-type : *Kanakia typica* Distant, 1892, p. 62. (ici, fig. 1).

Espèces incluses : *K. flavoannulata* (Distant, 1920, p. 456) comb. nov. et *Kanakia gigas* n. sp., ci-dessous décrite.

Kanakia gigas n. sp.

Matériel-type : Holotype mâle et 1 paratype mâle, Nouvelle-Calédonie, Sud, Rivière Bleue, 28.XII.1987, à la lumière (J. BOUDINOT & J. LEGRAND) ; M.N.H.N., Paris.

Description : proche de *K. typica* Distant, 1892, mais une fois et demie plus grande et plus grosse et dotée d'une livrée presque entièrement verte chez le vivant (ocre chez l'Insecte mort et desséché).

Holotype mâle (fig. 2) : tête étroite, sa largeur légèrement inférieure à celle du mésonotum ; yeux composés ellipsoïdaux ; ocelles relativement gros et assez rapprochés entre eux, la distance entre les latéraux un peu moins importante que

Fig. 1. — *Kanakia typica* Distant, 1892 ; G. × 1 (jusqu'ici, la plus grande espèce de Cigale connue de Nouvelle-Calédonie).

Fig 2. — *Kanakia gigas* n. sp., Holotype mâle, G. × 1.

celle séparant l'ocelle latéral et l'œil du même côté ; ocelle médian en position frontale. Vertex noir, avec une macule épicraniale verte et des fascies semblables sur les arcades antennaires. Antennes courtes, noires. Plage dorsale du post-clypéus plate et subrectangulaire, vert uniforme ; face clypéale étroite, peu bombée, lisses, aux bourrelets transverses peu prononcés. Antécly-péus et portions avoisinantes des lames buccales : noires. Rostre jaune vert, puis brun à bistre à l'apex, celui-ci arrivant au niveau de la mi-hauteur des hanches intermédiaires.

Thorax : pronotum plus long que la tête, vert uniforme, hormis les bords antérieurs de l'aire externe : bistre ; cette dernière largement étalée et différenciant une dent mousse sur les côtés. Mésonotum très bombé, portant deux plages latéro-postérieures de poils argentés sur le scutum et devant l'élévation cruciforme ; celle-ci très applatie et bistre brillant. Opercules en palettes arrondies, débordant de part et d'autre des chambres acoustiques et visibles du dessus.

Pattes : hanches, trochanters et fémurs d'un vert entaché plus ou moins fortement de brun ; fémurs antérieurs modérément renflés, portant trois épines sous carénales noires (fig. 3) ; tibias des deux premières paires : bistre, de la dernière paire : verts.

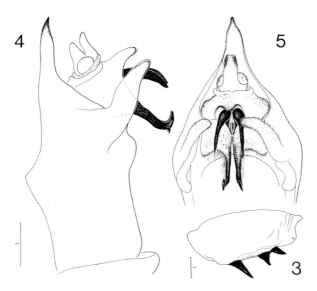

Fig. 3. — *Kanakia gigas* n. sp., paratype mâle ; 3 = fémur droit vu de profil ; 4 & 5 : segments génitaux vus de profil, puis de dessous (échelles en millimètres).

Ailes : hyalines, en entier et sans aucune fascie ni macule ; cellule basale des homélytres juste parcheminées ; nervation verte.

Abdomen : typique du genre, renflé en bau-druche et plus long que la tête et le thorax réunis. Entailles cymbaliques étroites, peu profondes, laissant voir des cymbales très inclinées vers l'intérieur du corps et comprenant chacune une plaquette fortement bombée, quatre côtes, longues et très incurvées, et quatre courts bâtonnets intercalaires. Segments génitaux de conformation générale propre au genre et plus proches de ceux de *Kanakia typica* que de *K. flavoannulata*; urite IX entièrement ocre vert, hormis l'extrémité du processus caudal brun noir ; urite X ocre vert dans sa partie principale, les lobes latéro-externes en longues baguettes plates, très sclérifiées et de couleur brune à bistre (fig. 4-5).

Dimensions principales en millimètres : Longueur totale = 72 ; longueur du corps = 57 ; envergure = 127 ; largeur de la tête, yeux compris = 12,5 ; distance entre les ocelles latéraux = 1,25 ; distance entre l'ocelle latéral et l'œil d'un même côté = 1,27 ; largeur du méso-notum = 14,2 ; longueur de l'homélytre = 60, sa plus grande largeur = 21,5.

Cymbalisation : non enregistrée, mais d'après BOUDINOT & LEGRAND, les signaux sonores de *K. gigas* n. sp., ou tout au moins certains d'entre eux, ressemblent beaucoup à des coassements de grenouilles.

Femelle, larve et bio-écologie inconnues.

Myersalna n. gen.

Diagnose : tête rétuse, vue de dessus, les arcades antennaires dépassant même quelque peu la limite antérieure du frons, la plage dorsale du postclypéus ; sa largeur, yeux compris, bien supérieure à celle des pro- et mésonotum à leurs bases.

Thorax : pronotum moitié moins long que le mésonotum. Aux ailes antérieures, le tronc commun (M + Cu1) inférieur ou au plus égal au côté cubital de la cellule basale ; costa épaisse, cellule postcostale parcheminée et noire, trans-formée en un long ptérostigma ; aire apicale octoloculée. Ailes postérieures à six aréoles ter-minales.

Abdomen : chez les mâles, cymbales totalement exposées ; genitalia de type cicadettéen.

Derivatio nominis : taxon dédié à la mémoire de John G. MYERS à qui nous devons beaucoup de nos connaissances sur les Cigales de la Région australienne.

Discussion : ce genre se place près de *Tettigetta* Kolénati (BOULARD, 1988) dans la tribu des Cicadettini et est immédiatement distinguable à la conformation céphalique de ses représentantes.

Espèce-type : *Myersalna bigoti* n. sp.

6

Myersalna bigoti n. sp.

Matériel-type : Holotype mâle, Nouvelle-Calédonie, piste littorale de la baie de Prony, 28.III.1980, au filet (L. BIGOT) ; M.N.H.N., Paris.

Description : Cicadette de taille relativement grande (28,5 mm pour la longueur du corps et 52 mm d'envergure), aux couleurs fondamentales très contrastées, noire et ocre jaune chez l'Insecte desséché.

Holotype mâle (fig. 6) : tête très aplatie sur le devant et très large, les yeux en ellipsoïdes subpédonculés, saillant fortement de part et d'autre, les trois-quarts de leur longueur dépassant la base du pronotum. Vertex d'un noir profond, hormis une tache jaune sur l'épicrane, rendue bipartite par le sillon sagittal ; une fascie, jaune, brillante, dessinant les arcades antennaires et se prolongeant sur les marges latérales du postclypéus ; l'ensemble de ce dernier et l'antéclypéus : noir profond, brillant. Antennes entièrement noires. Ocelles relativement petits, assez éloignés entre eux, les latéraux aussi distants l'un de l'autre que de l'œil le plus voisin. Lames maxillaires noires, ourlées de jaunes ; rostre mi-ocre, mi-bistre noirâtre, son apex atteignant les hanches postérieures à leur mi-hauteur.

Thorax : Pronotum subtrapézoïdal, sa longueur moitié moindre que sa plus grande largeur ; foncièrement jaune, avec deux grandes taches bistre à noir sur les aires internes et un petit v médian noir brillant pointé sur l'aire externe ; celle-ci jaune, sauf sur les marges latérales entachées chacune d'une touche de noir au niveau des lobes supra-huméraux. Mésonotum

7

FIG. 6-7. — *Myersalna bigoti* n. gen. n. sp., Holotype mâle vue de dessus (G. × 2), puis de profil (G. × 5).

très bombé, robuste, sa longueur valant un peu plus de deux fois celle du pronotum ; partagé de noir et de jaune, comme indiqué sur la figure 6, avec, en particulier, une macule punctiforme noire sur chacune des plages jaunes à l'arrière du scutum ; élévation cruciforme et brides scutellaires entièrement jaune. Pleures jaune vif, y compris les épimérites et la totalité des opercules ; ces derniers rebordés, relativement longs et larges, protégeant bien les cavités acoustiques ventrales particulièrement dimensionnées (fig. 7).

Pattes contrastées d'ocre jaune, de bistre et de brun ; fémurs antérieurs fortement renflés, portant quatre (le droit) ou cinq (le gauche) épines sous-carénales (fig. 8) ; tibias postérieurs presque entièrement jaunes.

Ailes parfaitement hyalines ; les antérieures largement dimensionnées, élancées, caractérisées en outre par un ptérostigma très allongé ; les postérieures particulièrement larges, la base anale parcheminée, le jugum envahi de brun.

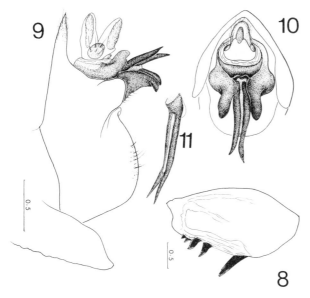

FIG. 8-11. — *Myersalna bigoti* n. gen. n. sp., Holotype mâle ;
8 : fémur gauche vu de profil ; 9 & 10 : segments génitaux
vus de profil, puis de dessous ; 11 : moitié distale de
l'édéage vu des ¾ dessous (échelle en millimètres).

Abdomen : tergites cerclés de larges bandes
noires alternant avec d'étroites bandes jaunes ;
entailles cymbaliques larges et profondes, cymbales portant une vaste plaque en losange et trois
longues côtes incurvées. Sternites noirs, paratergites ocre sale. Segments génitaux entièrement
noirs, conformés comme sur les figures 9-10 ;
édéage bifide (fig. 11).

Dimensions principales en millimètres : Longueur totale = 28,7 ; longueur du corps = 18 ;
envergure = 52,5 ; largeur de la tête, yeux
compris = 7 ; distance entre les ocelles latéraux
= 2 ; distance entre l'ocelle latéral et l'œil d'un
même côté = 2 ; largeur du mésonotum = 5,8 ;
longueur de l'homélytre = 24,5, sa plus grande
largeur = 9.

Femelle, larve et bio-écologie inconnues.

REMERCIEMENTS

Je tiens à renouveler ici mes remerciements les
plus vifs à mes collègues Louis BIGOT, de
l'Université d'Aix-Marseille III, Jacques BOUDI-
NOT et Jean LEGRAND du Muséum pour l'amitié
qu'ils m'ont témoignée en colligeant des Cigales
à mon intention. La recherche de ces Insectes
n'est pas toujours aisée, demande du temps et ce
faire était en dehors des programmes de leurs
missions respectives.

Je remercie également Madeleine FRANEY et
Hélène LE RUYET-TAN, qui ont collaboré respectivement aux figures 1-5 et 6-11.

RÉFÉRENCES BIBLIOGRAPHIQUES

BOULARD, M., 1988. — Taxonomie et Nomenclature
supérieures des Cicadoidea. Histoire, problèmes et
solutions. E.P.H.E., *Travaux du Laboratoire Biologie et Évolution des Insectes Hemipteroidea*, **1** : 1-
89. Paris, ISBN 2-9502395-01.

DISTANT, W. L., 1892. On some undescribed Cica-
didae, with Synonymical Notes. *Ann. Mag. nat.
Hist.*, (6) **10** : 54-67.

DISTANT, W. L., 1914. — Rhynchota from New
Caledonia and surrounding islands. *In* : SARASIN, F.
& ROUX, J., *Nova Caledonia, Zoologie*, **1** (4) : 369-
390.

DISTANT, W. L., 1920. — Rhynchota from New
Caledonia. Part. II. Homoptera. *Ann. Mag. nat.
Hist.* (9) **6**, 1920 : 456-470.

9

Homoptères Coccoidea de Nouvelle-Calédonie. 1. Un nouveau genre cryptique d'Eriococcidae

Danièle MATILE-FERRERO

Muséum national d'Histoire naturelle
Laboratoire d'Entomologie
45, rue Buffon
75005 Paris

RÉSUMÉ

Chazeauana gahniae n. gen. n. sp. est décrit et illustré. Le genre a été trouvé dans les gaines foliaires de la Cyperaceae *Gahnia novocaledonensis* à Yaté (Nouvelle-Calédonie).

ABSTRACT

Chazeauana gahniae n. gen. n. sp. is described and illustrated. The genus was found beneath the sheath of *Gahnia novocaledonensis* (Cyperaceae), in Yaté (New Caledonia). The genus is characterized by the presence of large marginal spines with basally bulbous apex, a pair of postgenital cup-shaped invaginations, 3- or 4-segmented antennae and legs reduced to stubs.

MATILE-FERRERO, D., 1988. — Homoptères Coccoidea de Nouvelle-Calédonie. 1. Un nouveau genre cryptique d'Eriococcidae. *In* : S. TILLIER (ed.), Zoologia Neocaledonica, Volume 1. *Mém. Mus. natn. Hist. nat.*, (A), **142** : 67-74. Paris ISBN : 2-85653-163-6

La famille des Eriococcidae a une répartition mondiale. Elle est très richement représentée en région australasienne, où l'on rencontre près de la moitié de la faune mondiale, estimée à 500 espèces environ, dont plus de 250 pour le genre cosmopolite *Eriococcus*. En Australie, on dénombre 150 espèces, dont seul le genre *Apiomorpha*, appartenant à la sous-famille des Apiomorphinae gallicoles, a fait l'objet d'une révision moderne (GULLAN, 1984). Quant à la Nouvelle-Zélande, HOY (1962) a revu l'ensemble de la famille et inclut ainsi 75 espèces dont 70 sont endémiques. Les cinq autres espèces, introduites probablement d'Australie, appartiennent toutes au vaste genre *Eriococcus*. Sept genres sont endémiques sur les neuf genres présents.

Jusqu'à ce jour, aucun Eriococcidae endémique n'était connu de Nouvelle-Calédonie. COHIC (1958) ne signale qu'*Eriococcus araucariae* Maskell, qui est une espèce introduite, polyphage et cosmopolite.

C'est au cours d'une première mission coccidologique en Novembre-Décembre 1983, que cette espèce a été trouvée. La présente note fait partie d'une étude que je mène actuellement sur l'ensemble des Cochenilles de Nouvelle-Calédonie. La faune coccidologique de celle-ci s'est révélée excessivement intéressante, comme on pouvait le supposer de par la très grande richesse de sa végétation autochtone.

Chazeauana n. gen.

Espèce-type : *Chazeauana gahniae* n. sp.

Diagnose : Femelle adulte, allongée, à tégument en partie noduleux. Lobes anaux et plaque anale développés. Anneau anal porifère, armé de 6 soies. Pattes présentes, plus ou moins atrophiées. Antennes de 3 ou 4 articles. Présence sur la marge d'un type d'épine robuste, à pointe apicale renflée à sa base et criblée de pores. Pores pentaloculaires, pores en huit (appelés à tort « cruciform pores ») et micropores tubulaires à tubercules présents. Stigmates pourvus de nombreux pores parastigmatiques pentaloculaires. Présence d'une paire d'invaginations postgénitales. Macropores tubulaires cupuliformes, typiques des Eriococcidae, absents chez la femelle et la larve femelle des premier et deuxième stades. Ces macropores tubulaires cupuliformes sont présents chez la larve mâle du deuxième stade. Larve du premier stade possédant des pores à 7 loculi et des pores pentaloculaires.

Discussion : Le genre se distingue de tous les autres genres d'Eriococcidae par la présence d'un type d'épine caractéristique, à pointe apicale renflée à sa base et criblée de pores. Ce caractère semblant unique dans la famille, il s'agit vraisemblablement d'une forte apomorphie. La présence d'une paire d'invaginations postgénitales caractérise aussi le genre. Par ailleurs, il se distingue par quelques apomorphies non exclusives qui sont :

1) l'atrophie des pattes,
2) la réduction des antennes à 3-4 articles,
3) la présence de pores en huit,
4) l'absence de pores multiloculaires chez l'adulte.

Le genre *Chazeauana* diffère essentiellement du vaste genre *Eriococcus* par l'absence de macropores tubulaires cupuliformes chez la femelle adulte. Il se rapproche, par ce dernier caractère, des genres néozélandais *Madarococcus*, *Phloeococcus* et *Scutare*. Certaines espèces d'*Eriococcus* sont également dépourvues de macropores tubulaires cupuliformes. Ce caractère pourrait être un bon critère à utiliser pour la distinction des genres. Par ailleurs, aucune hypothèse de parenté ne peut être faite avec les genres australiens, qui nécessitent au préalable une révision.

En ce qui concerne la faune sud-américaine, une première étude a porté principalement sur les Eriococcidae des *Nothofagus* du Chili (MILLER & GONZALEZ, 1975). Les quatre genres et les dix espèces décrits sont très éloignés de *Chazeauana*, avec lequel ils ne partagent que les caractères de la famille.

Le genre *Chazeauana* est inféodé à une Cypéracée endémique. Or le catalogue mondial des Eriococcidae ne signale aucune espèce vivant sur des Cypéracées (HOY, 1963). Comme on sait qu'il est de règle que des genres entiers, voire des familles (les Aclerdidae, par exemple) de Cochenilles associées aux Cypéracées, aux Graminées ou aux Bambous, leur sont strictement inféodés, toute hypothèse biogéographique ne pourra être faite qu'après la découverte d'autres Eriococcidae vivant sur Cypéracées et notamment sur les 40 espèces composant le genre *Gahnia*, à répartition australo-malaise (BENL, 1940).

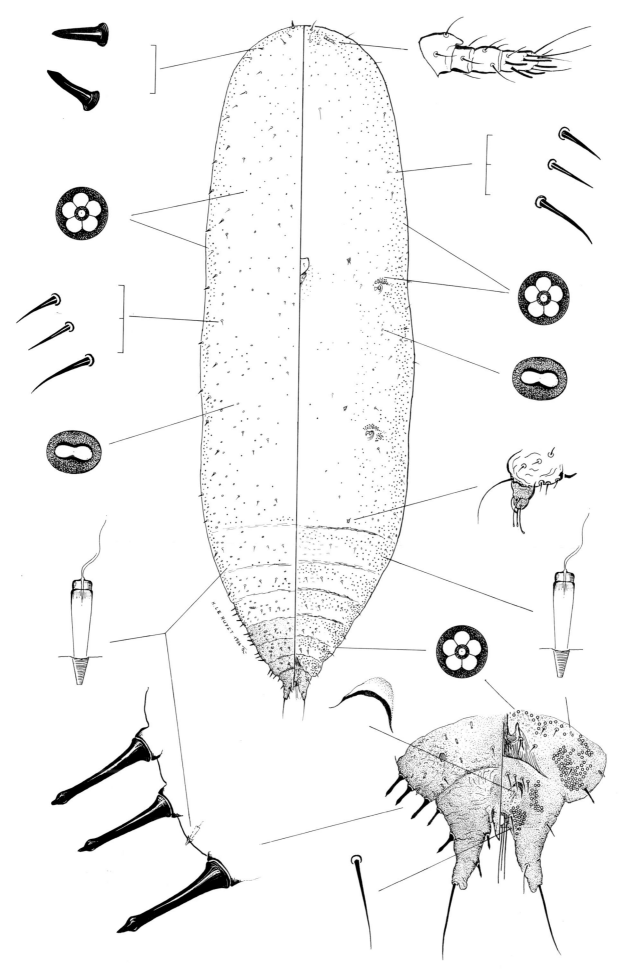

FIG. 1. — *Chazeauana gahniae* n. gen. n. sp., femelle adulte.

Chazeauana gahniae n. sp.

Femelles vivantes de coloration brun clair, à segmentation nettement visible. Elles sont comme encastrées dans leur sécrétion cireuse compacte, plaquées sur la plante au niveau de la base engainante de la feuille et aucun signe extérieur ne permet de soupçonner leur présence. C'est en détachant les gaines foliaires de la tige que l'on découvre les colonies constituées de cinq à dix individus par feuille, bien souvent accompagnées d'une forte fumagine qui a été observée dans la plupart de nos échantillons. Cet habitat et l'aspect *in situ* de *Chazeauana gahniae* est comparable à celui des genres japonais de Pseudococcidae bambusicoles, *Idiococcus* et *Serrolecanium* ainsi qu'aux Aclerdidae, illustrés en couleur par KAWAI (1980).

Chazeauana gahniae possède deux stades larvaires, comme tous les Eriococcidae. Deux types morphologiques de larves du deuxième stade ont été décelés, qui correspondent probablement aux lignées mâle et femelle. Aucun mâle adulte n'a été observé.

Description : femelle adulte (fig. 1), très allongée, plate, membraneuse ; derniers segments abdominaux sclérotinisés et noduleux (fig. 2 et 7). L = 2,5 à 6 mm ; l = 0,6 à 2 mm.

Lobes anaux environ deux fois plus longs que larges, sclérotinisés, dépourvus de pores glandulaires. Chaque lobe porte une proéminence apicale interne, une soie apicale externe longue de 160 μ et dorsalement deux épines internes et une épine externe (fig. 2) ; ventralement deux soies internes, l'une basale nommée soie préanale (« suranal seta »), sétiforme, l'autre subapicale plus longue et une soie externe basale.

Antennes de 4 articles, parfois 3, les deux articles apicaux se fusionnant. L = 110 μ. Les antennes sont rapprochées et situées sur la marge frontale. Lobe et tubercules frontaux absents. Yeux présents. Pattes atrophiées ; des moignons de pattes subsistent dans la majorité des individus. Quelques autres individus ont des pattes moins atrophiées, longues et grêles, aux articles plus ou moins fusionnés, et probablement non fonctionnelles.

Céphalothorax extrêmement développé, occupant les deux tiers du corps. Complexe buccal de petite taille, central du fait du grand développe-ment de la région frontale. Labium à 3 segments, long de 90 μ, plus petit que le tentorium. Segment basal portant deux paires de soies courtes, segment médian portant une paire de soies courtes et segment apical portant quatre paires de soies légèrement plus robustes. Plaque anale très développée, membraneuse et débordant nettement sur la face dorsale, entre les lobes anaux, L = 50 μ (fig. 2). Anneau anal porifère, armé de 6 soies, longues de 150 μ.

Face dorsale : bordée d'une rangée d'épines caractéristiques, rangée interrompue sur le céphalothorax et les premiers segments abdominaux. Ces épines sont longues, robustes et brusquement rétrécies à l'apex (fig. 2) ; en région abdominale, elles présentent dans la partie renflée de l'apex des plissements et des creux semblables à des pores (fig. 3-4). Ailleurs, elles sont nettement plus courtes et terminées en pointe plus ou moins régulière. Sur le reste du corps, présence éparse de soies fines et courtes. Trois types de pores glandulaires présents : des pores pentaloculaires, des pores en huit (fig. 8) et des micropores tubulaires débordant du tégument par un tubercule (fig. 5). Les pores pentaloculaires sont absents des quatre derniers segments abdominaux. Ailleurs, ils sont nombreux et forment une bande continue sur la marge. Ils sont épars sur le reste du corps. Les pores en huit sont présents partout, à l'exception des lobes anaux et de la région frontale. Leur nombre est inférieur à celui des pores pentaloculaires. Les micropores tubulaires à tubercule sont peu nombreux. Ils se rencontrent sur l'abdomen et en région marginale, sur le thorax. Macropores tubulaires cupuliformes, absents. Forte nodosité présente sur les segments abdominaux, à l'exception des lobes anaux (fig. 2). En région submarginale, une tache orbiculaire simple ou double est présente sur les segments III à VI, parmi les nodules du tégument.

Face ventrale : tapissée de très nombreux pores pentaloculaires du même type que les dorsaux, abondants en région marginale, formant une bande transversale sur chaque segment abdominal (fig. 7). Nodosité présente en région submargino-abdominale. Aire médio-abdominale couverte de spicules. Soies de taille variable, éparses. Stigmates antérieurs et postérieurs pourvus de 78 à 90 pores parastigmatiques pentaloculaires, disposés en groupement serré. Un groupement latéro-externe moins dense est également

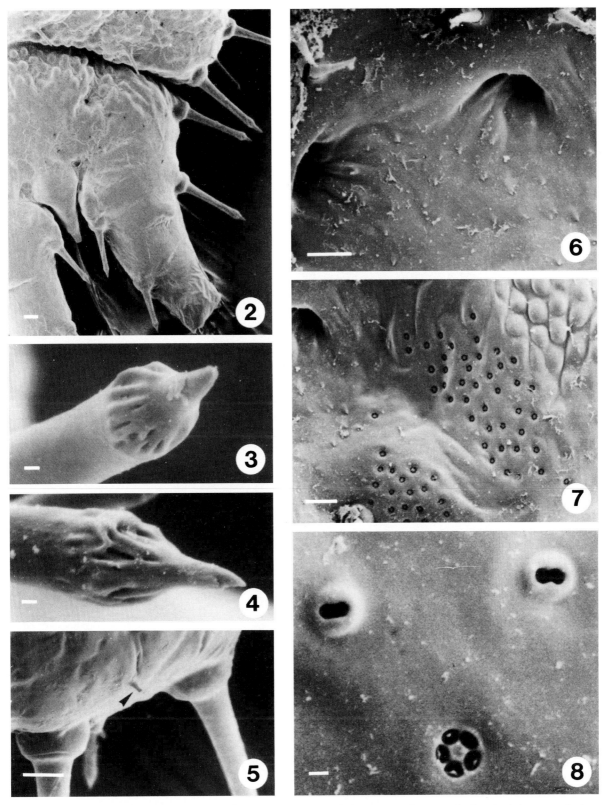

FIG. 2-8. — *Chazeauana gahniae* n. gen. n. sp., femelle adulte. — 2. lobes anaux, plaque anale dorsale, épines marginales et segments VI et VII montrant la nodosité ; 3. apex d'une épine marginale abdominale ; 4. id. ; 5. micropore à tubercule submarginal dorsal ; 6. invaginations postgénitales ventrales ; 7. segment VII, vue ventrale montrant les groupes de pores pentaloculaires et la nodosité du tégument ; 8. pores en huit et pore pentaloculaire grossis (échelles : 10 μm pour les figures 2, 6 et 7 ; 1 μm pour les figures 3, 4, 5 et 8). Copyright 1988 Muséum-Paris/MEB-SCSV.

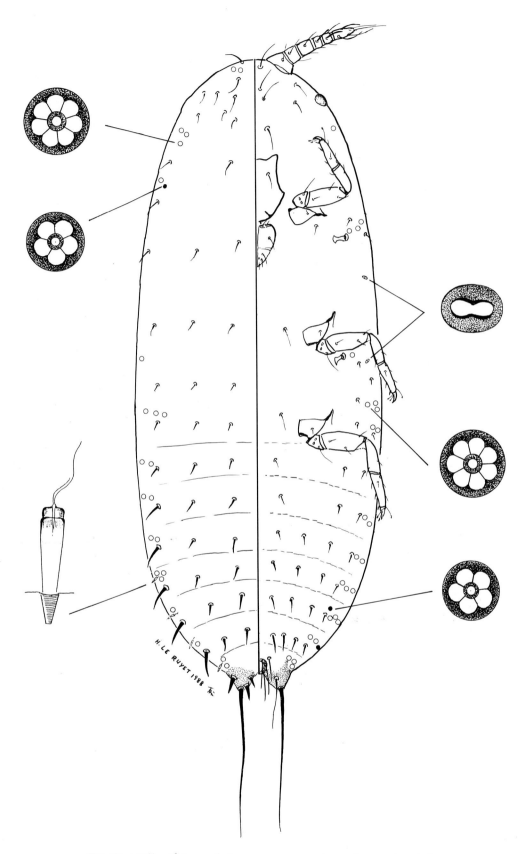

FIG. 9. — *Chazeauana gahniae* n. gen. n. sp., larve du premier stade.

présent. Pores en huit présents, épars. Micropores tubulaires à tubercule présents en région submarginale abdominale. Macropores tubulaires cupuliformes, absents. Vulve large, dissimulée dans un repli segmentaire. Présence de deux invaginations postgénitales (fig. 6-7), de deux ou trois paires de soies spiniformes prégénitales et de trois ou quatre paires identiques postgénitales. Pores multiloculaires absents.

Larve du premier stade (fig. 9) : allongée, L = 0,8 à 0,9 mm, à antennes de 6 articles et pattes développées. Ongle pourvu d'un léger crochet interne. Anneau anal porifère, portant 6 soies. Présence de pores multiloculaires (à 7 loculi), de pores pentaloculaires, de pores en huit et de micropores tubulaires à tubercule. Les pores multiloculaires bordent le corps sur les deux faces. Les pores pentaloculaires et les pores en huit sont en nombre très réduit. Un ou deux pores pentaloculaires se rencontrent sur le thorax et sur les derniers segments abdominaux. Deux paires de pores en huit ont été observées en région submarginale méso et métathoracique. Quelques micropores tubulaires à tubercule se rencontrent sur la marge des segments abdominaux. Marge bordée de soies plus fortes sur les quatre derniers segments abdominaux. Lobes anaux développés, portant dorsalement deux paires internes d'épines et une paire externe, ventralement une paire de soies fines, de même longueur que les soies de l'anneau anal. Une paire de soies préanales présentes, identiques à celles de la femelle adulte. Soie apicale longue.

Larve femelle du deuxième stade : allongée, L = 0,7 à 1,2 mm, à antennes de 6 articles et pattes développées, à tibia plus court que le tarse. Ongle pourvu d'un léger crochet interne.

Anneau anal porifère, portant 6 soies. Présence de pores pentaloculaires, de pores en huit et de micropores tubulaires à tubercule. Absence de pores multiloculaires. La topographie du système glandulaire est semblable à celle de l'adulte mais le nombre est moins élevé. Marge bordée irrégulièrement d'épines courtes et très robustes, ressemblant à des pointes de clous. Quelques épines sur les derniers segments abdominaux évoquent déjà la forme des épines caractéristiques de l'adulte. Lobes anaux développés, portant épines et soies disposées comme chez la larve du premier stade et l'adulte.

Larve mâle du deuxième stade : plus étroite que la larve femelle, à antennes de 7 articles et pattes développées, à tibia plus court que le tarse. Ongle pourvu d'un léger crochet interne. Anneau anal porifère, portant 6 soies. Présence de pores pentaloculaires et de macropores tubulaires cupuliformes. Absence de pores en huit, de micropores tubulaires à tubercule et de pores multiloculaires. Les pores pentaloculaires ont la même répartition que chez la larve femelle. Les macropores tubulaires cupuliformes sont distribués sur tout le corps, faces dorsale et ventrale. Marge bordée de soies souples mais robustes à la base. Lobes anaux développés, portant épines et soies disposées comme chez la larve femelle.

Matériel-type : Holotype ♀, Nouvelle-Calédonie, Yaté, sur *Gahnia novocaledonensis* (Cyperaceae), 8.XII.1983 (D. MATILE). In MNHN, Paris.
Paratypes. 14 ♀, même prélèvement que l'holotype. In MNHN, Paris. Un paratype déposé à l' « Australian National Insect Collection », CSIRO, Canberra.

REMERCIEMENTS

J'ai bénéficié de l'aide logistique de l'ORSTOM, Nouméa, qui a été décisive dans le déroulement de la mission.
J'exprime ici toute ma reconnaissance à mon collègue Jean CHAZEAU dont le dévouement et la générosité ont fait que cette mission s'est réalisée dans les meilleures conditions. Ce nouveau genre lui est dédié. Je suis redevable à Madame Evelyne CAYROL, ORSTOM, Nouméa, qui a identifié la Cypéracée et au Dr H. HEINE,

UA 218 du CNRS (Laboratoire de Phanérogamie du Muséum), pour ses informations sur la distribution du genre *Gahnia*. Ma gratitude va aussi à Madame Hélène LE RUYET et à Madame Madeleine FRANET pour la réalisation des planches illustrant ce travail.

RÉFÉRENCES BIBLIOGRAPHIQUES

BENL, G., 1940. — Die systematik der Gattung *Gahnia* Forst. *Bot. Archiv,* **40** : 151-257.

COHIC, F., 1958. — Contribution à l'étude des cochenilles d'intérêt économique de Nouvelle-Calédonie et dépendances. Commission du Pacifique Sud, Document technique, **116** : 1-35.

GULLAN, P. J., 1984. — A Revision of the Gall-Forming Coccoid Genus *Apiomorpha* Rübsaamen (Homoptera : Eriococcidae : Apiomorphinae) *Aust. J. Zool., Suppl. Ser.,* **97** : 1-203.

HOY, J. M., 1962. — Eriococcidae (Homoptera : Coccoidea) of New Zealand. *N. Z. Dept. sci. industr. Res., Bull.* **146** : 1-219.

HOY, J. M., 1963. — A Catalogue of the Eriococcidae (Homoptera : Coccoidea) of the World. *N. Z. Dept. sci. industr. Res., Bull.* **150** : 1-260.

KAWAI, S., 1980. — *Scale insects of Japan in colors.* Nat. Soc. Agric. Educ., Tai, Nippon Print. Co. Inc., Tokyo : 1-455.

MILLER, D. R. & GONZALEZ, R. H., 1975. — A taxonomic analysis of the Eriococcidae of Chile. *Rev. chil. Entomol.,* **9** : 131-163.

10

Diptères Ceratopogonidae de Nouvelle-Calédonie. 6. Note sur le genre *Dasyhelea*

Jean CLASTRIER

Muséum national d'Histoire naturelle
Laboratoire d'Entomologie
45, rue Buffon
75005 Paris

RÉSUMÉ

Description de deux *Dasyhelea* originaires de la Nouvelle-Calédonie : *D. minuscula* (SKUSE), et *D. neocaledoniensis* n. sp.

ABSTRACT

Two *Dasyhelea* species of Ceratopogonidae from New Caledonia are described and illustrated : *D. minuscula* (SKUSE) and *D. neocaledoniensis* n. sp.

CLASTRIER, J., 1988. — Diptères Ceratopogonidae de Nouvelle-Calédonie. 6. Note sur le genre *Dasyhelea. In* : S. TILLIER (ed.), Zoologia Neocaledonica, Volume 1. *Mém. Mus. natn. Hist. nat.*, (A), **142** : 75-82. Paris ISBN : 2-85653-163-6

Deux Ceratopogonidae originaires de la Nouvelle-Calédonie et appartenant au genre *Dasyhelea* Kieffer, 1911 sont décrits ci-dessous : l'un déjà connu, *D. minuscula* (SKUSE), l'autre nouveau. Ce genre présentant certaines particularités, trois d'entre elles seront d'abord rappelées. Le premier article du palpe, qui subit une réduction plus ou moins prononcée, peut être totalement absent ou vestigial. Les articles antennaires présentent des épaississements du tégument, ou formations en plaques à contours géométriques, dont le nombre et la disposition sont variables. Les mêmes articles portent également des sensilles grossies au milieu et en forme de fuseau, différant morphologiquement des habituels sensilla basiconica. Ces derniers éléments ne seront pas décomptés, mais quelques-uns simplement représentés sur les figures.

Toutes les conventions adoptées dans différentes publications antérieures sont conservées. En particulier, toutes les dimensions sont exprimées en microns, sans que cette unité de mesure soit nécessairement rappelée. Pour l'aile, elles concernent successivement et dans l'ordre la longueur, la longueur de la costa prises depuis l'arculus, et la plus grande largeur.

Dasyhelea minuscula (SKUSE, 1889)
(fig. 1-10)

Ceratopogon minusculus SKUSE, 1889 : 299 (♂, fig. aile).
Culicoides minusculus (SKUSE) ; KIEFFER, 1906 : 54 (liste).
Culicoides minusculus (SKUSE) ; KIEFFER, 1917 : 185 (clé).
Dasyhelea minuscula (SKUSE, 1889) ; MACFIE, 1939 : 558 (♂, pince génitale).
Dasyhelea minuscula (SKUSE, 1889) ; DEBENHAM, 1979 : 160 (cité).

Description : Mâle, femelle.

Yeux pubescents ; largement contigus sur toute la hauteur de leur bord interne. Clypéus (fig. 8) : sclérite ventral presque aussi large que haut ; pentagonal, muni de trois soies médiocres alignées de chaque côté ; aucune soie sur le sclérite dorsal. Palpe progressivement et très légèrement bruni de la base à l'apex ; à quatre articles courts, sans aucun vestige du premier ; soies sensorielles directement implantées sur le tégument à la base du deuxième article, longues, géniculées, et très

faiblement grossies à leur extrémité ; au nombre de cinq à six chez le mâle (fig. 1) ; cachées sur l'unique spécimen femelle examiné ; soies apicales de IV très courtes et d'une teinte noirâtre. Mensurations chez le mâle : 22, 27, 20, 28.

Antenne du mâle brun noirâtre. Articles IV-XI d'abord très larges et plus ou moins discoïdes (fig. 2), puis prenant progressivement la forme habituellement observée, de deux troncs de cônes accolés par leur grande base (fig. 3) ; XII-XV senblables aux précédents à la base mais nettement plus longs sur le reste du corps, qui est étroit et subcylindrique de XII à XIV, massif et cylindrique sur XV. Soies du panache disposées en un seul rang, presque transversal, de IV à XII. Un long et vigoureux s. chaeticum est implanté au niveau de l'interruption du panache des articles X à XII. Verticille basal de XIII et XIV uniquement formé de s. chaetica longs et vigoureux ; celui de XV uniquement composé de s. trichodea médiocres. Les formations en plaques sont présentes à la base de tous les articles. Elles sont également présentes, du côté où le panache est interrompu, sur XII et XIII, au nombre de deux par article, et portant chacune un fort s. chaeticum ; absentes sur XIV. Sur l'article XV les plaques sont nombreuses, mal individualisées, et ne portent que des s. trichodea. Mensurations (III-XV) : 48, 26, 22, 21, 21, 23, 24, 26, 26, 56, 43, 32, 62.

Antenne de la femelle uniformément brun sombre. Articles IV-XIV d'abord transversaux, puis devenant progressivement globuleux et un peu plus longs que larges ; XV aussi long que les deux articles qui le précèdent réunis (fig. 5). Deux s. chaetica sur l'angle dorso-interne de l'article I ; IV-X munis à la base d'un verticille de huit à neuf s. chaetica vigoureux, et portant sur le corps deux s. trichodea majeurs fortement incurvés. Verticille basal de XI-XIV principalement composé de s. trichodea, avec deux à trois s. chaetica localisés sur une seule et même face (fig. 6) ; celui de XV uniquement formé de s. trichodea. Formations en plaques à peine ébauchées à la base des articles IX et X ; présentes et bien individualisées au-dessous du verticille de XI-XIV ; très nombreuses et à limites très imprécises sur l'ensemble de XV. Mensurations (III-XV) : 25, 18, 17, 18, 20, 22, 21, 22, 23, 23, 22, 22, 46.

Mésonotum dépourvu de tubercule antérieur ; noirâtre, à l'exception d'une large bande d'un jaune brunâtre qui longe le bord latéral, et se prolonge ventralement sur les pleures (membrane anépisternale). Sur cette grande plage claire, le paratergite tranche par sa teinte noirâtre (fig. 9). Deux soies latérales antérieures fortes ; trois postérieures fortes, plus une faible insérée ventralement par rapport aux précédentes (fig. 9). Scutellum jaunâtre ; à cinq soies fortes de formule 1-3-1 ; aucune soie faible.

Aile (fig. 10) à lobe anal effacé. Nervures basales et cellule costale progressivement assombries depuis la base ; le reste du limbe blanchâtre. Les deux cellules radiales fermées. Soies du complexe radial au nombre de deux chez le mâle, situées à l'extrémité de R2 + 3, et de neuf chez la femelle, réparties sur R et R2 + 3, mais aucune à proximité de l'arculus. Macrotriches peu nombreux, disposés en lignes très largement séparées les unes des autres chez le mâle, un peu moins espacées chez la femelle. Alula nue. Mensurations : mâle : 680, 262, 262 ; femelle : 620, 260, 315.

Pattes. Fémurs bruns, légèrement éclaircis à leurs deux extrémités ; tibias noircis à l'extrême base, bruns sur le reste, avec deux étroites bandes plus claires respectivement sub-basale et apicale. Tous les tibias sont un peu plus clairs que les

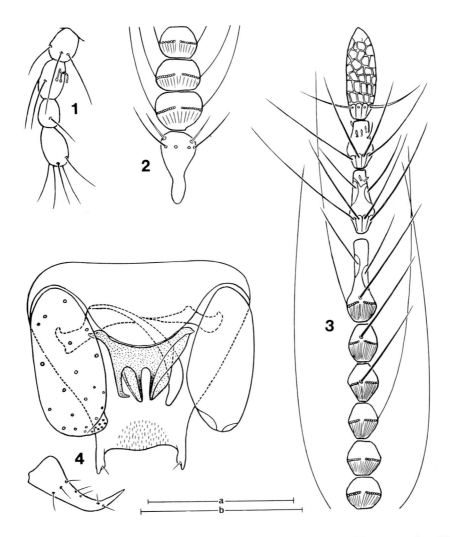

FIG. 1-4. — *Dasyhelea minuscula* (SKUSE), mâle. 1, palpe droit en vue ventrale ; 2, articles antennaires III-VI ; 3, articles antennaires VII-XV vus du côté de l'interruption du panache ; 4, pince génitale sans les dististyles, et dististyle droit isolé, en vue ventrale. Échelles : 1-3 : a (100) ; 4 : b (100).

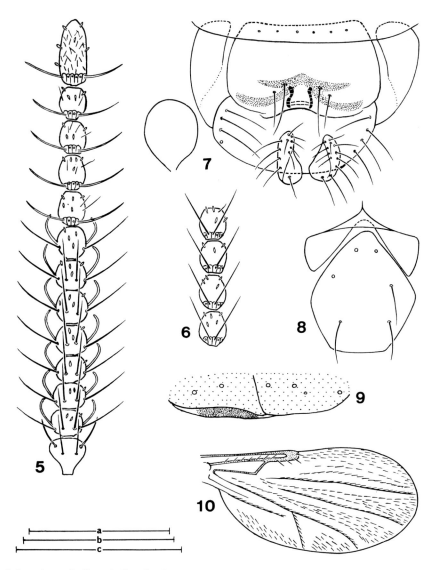

FIG. 5-10. — *Dasyhelea minuscula* (SKUSE), femelle. 5, antenne vue par la face dépourvue de s. chaetica sur les articles XI-XIV ; 6, articles antennaires XI-XIV vus par la face opposée à la précédente ; 7, spermathèque, et extrémité postérieure de l'abdomen en vue ventrale ; 8, clypéus ; 9, paratergite et soies latérales du mésonotum ; 10, aile. Échelles : 5-8 : a (100) ; 9 : b (200) ; 10 : c (500).

fémurs, d'une façon assez variable, pouvant aller jusqu'à une dépigmentation presque totale. Tarsomères I-IV d'un jaune brunâtre pâle, V un peu plus sombre. Fémurs, tibias et tarsomères normalement constitués, cylindriques ; pilosité générale dense, longue, forte mais non spinuleuse. P1 : pas d'éperon sur le tibia, mais un peigne à dents grêles, nombreuses, peu visibles, et un alignement apical de cinq à six soies vigoureuses. P2 : pas d'éperon, de peigne, ni de soie apicale forte sur le tibia. P3 : pas d'éperon sur le tibia mais deux peignes, dont le plus grand est composé de sept dents. Pour les trois paires : une rangée de soies bulbeuses nullement disposées en palissade mais très clairsemées, sur les quatre premiers tarsomères. Griffes petites, égales, simples, dépourvues de soie arquée à la base ; brièvement bifides à leur extrémité chez le mâle, acérées chez la femelle.

Pince génitale du mâle (fig. 4) aussi large que haute ; entièrement noirâtre. Sternite IX fortement lobé postérieurement, et venant épouser la courbure du bord antérieure de l'édéage. Bord distal du tergite IX large, transversal ; appendices apico-latéraux relativement courts, obliquement tronqués à l'apex et munis d'une petite soie subapicale. Coxite deux fois aussi long que large ; présentant à l'extrémité de son bord interne un très petit lobe, dont l'aspect varie suivant son orientation. Dististyle régulièrement incurvé sur toute sa longueur ; très gros à la base, progressivement et rapidement rétréci jusqu'à son extrémité, qui est effilée. Édéage massif ; largement mais peu profondément excavé sur son bord antérieur. Dans sa partie postérieure, il présente trois formations allongées et asymétriquement disposées. Du côté droit de la pince, il est possible de reconnaître un appendice externe allongé, rectiligne, brusquement coudé à l'apex, et un lobe interne beaucoup plus large, dont le bord interne présente une étroite plage triangulaire pigmentée. Du côté gauche l'aspect est différent, comme l'avait déjà noté MACFIE (1939), et comme nous avons pu le vérifier sur tous les spécimens examinés. Paramères d'une structure simple, représentée sur la figure ; l'extrémité apicale de la branche médiane est à peine pigmentée.

Abdomen de la femelle (fig. 7). Sternite VIII très bien individualisé, trapézoïdal, présentant de chaque côté un groupe de deux longues soies. Sclérification génitale allongée transversalement, et rappelant par sa forme une toiture asiatique traditionnelle. Au-dessous de cette sclérification se trouvent deux étroites formations linéaires paramédianes pigmentées et légèrement incurvées, se faisant face par leur concavité. Spermathèque unique, de grande taille (50 × 38), piriforme, sans col, et dépourvue de taches claires sur le corps (fig. 7).

Décrite de Sydney (Australie, New South Wales) d'après un unique spécimen mâle, cette espèce n'avait plus été retrouvée.

Matériel étudié : captures effectuées au piège de Malaise. 1 ♂ : Vallée de la Coulée, 166° 35'38" E, 22°10'52" S, 40 m., maquis haut sur péridotite, bord de rivière, 24.X.1985 (P. BOUCHET). 4 ♂ et 1 ♀ : Rivière Bleue, 166°40'06" E, 22°06'05" S, 310 m., maquis sur crête, 25.XI-8.XII.1986 (L. BONNET de LARBOGNE, J. CHAZEAU, A. & S. TILLIER). 2 ♂ : id., 13-28.X.1986. 1 ♂ : id., 12-25.XI.1986.

Dasyhelea neocaledoniensis n. sp.
(Fig. 11-16)

Description : Mâle.

Cette espèce est décrite comparativement à la précédente. Les caractères qui leur sont communs ne sont donc pas repris, et restent sous-entendus en l'absence d'information contraire nettement exprimée.

Clypéus. Sclérite ventral allongé, faiblement grossi dans sa partie moyenne, et portant de chaque côté une rangée de quatre longues soies ; chez l'holotype (fig. 12), il s'y ajoute une soie basale et médiane. Le sclérite dorsal présente de chaque côté une soie plus courte et plus grêle que les précédentes.

Palpe (fig. 13) uniformément grisâtre ; à cinq articles, le premier étant extrêmement réduit mais bien différencié, et muni d'une soie ; II à peine aussi long que large ; III allongé, faiblement grossi sur sa moitié basale, qui porte deux soies sensorielles directement implantées sur le tégument ; IV court et subcylindrique ; V un peu plus long que le précédent, et légèrement grossi de la base à l'apex. Mensurations : 8, 16, 45, 20, 26.

Antenne noirâtre. Articles IV-XI tous semblables à deux troncs de cônes accolés par leur grande base, et progressivement plus étroits ; XII semblable aux précédents par sa base, semblable aux deux suivants par son corps ; XIII et XIV binoduleux ; XV en pain de sucre (fig. 14). Soies du panache disposées en un seul rang de IV à XII. Un long et vigoureux s. chaeticum est implanté au niveau de l'interruption du panache des articles XI et XII ; ce dernier porte en outre un verticille de cinq à six s. chaetica de vigueur moyenne à l'union de ses deux derniers tiers. Les articles XIII et XIV présentent chacun deux verticilles composés de huit s. chaetica environ, l'un extrêmement vigoureux situé à l'union des deux premiers tiers, l'autre plus faible, à l'union des deux derniers. Verticille basal de XV uniquement formé de s. trichodea. Formations en plaques présentes et bien individualisées au-dessous du

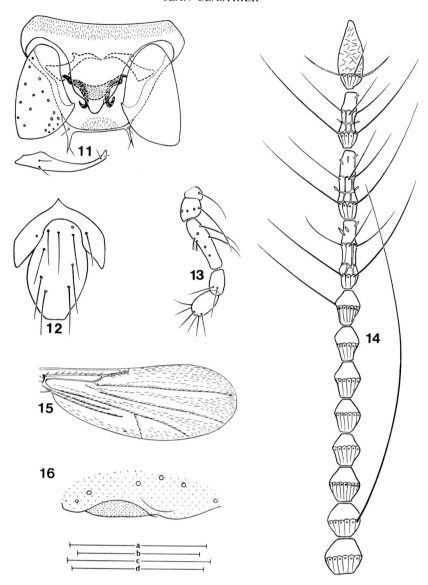

Fig. 11-16. — *Dasyhelea neocaledoniensis* n. sp., mâle. 11, pince génitale sans les dististyles, et dististyle droit isolé, en vue ventrale ; 12, clypéus ; 13, palpe gauche en vue ventrale ; 14, articles antennaires IV-XV ; 15, aile ; 16, paratergite et soies latérales du mésonotum. Échelles : 11 : a (100) ; 12-14 : b (100) ; 15 : c (500) ; 16 : d (200).

verticille basal de tous les articles ; également présentes sur le tiers moyen de XII-XIV, peu nombreuses mais de grande taille, ainsi que sur la totalité de XV, de dimensions réduites, et beaucoup moins différenciées. Mensurations (III-XV) : 52, 28, 26, 27, 26, 27, 28, 27, 28, 55, 54, 45, 55.

Thorax entièrement noirâtre, à l'exception de la membrane anépisternale qui est un peu moins sombre. Mésonotum : deux soies latérales anté-rieures, l'une faible, l'autre forte, et trois soies latérales postérieures fortes disposées en arc de cercle, ces deux groupes, antérieur et posté-rieur, étant très largement séparés l'un de l'autre (fig. 16).

Aile (fig. 15) allongée, à lobe anal très effacé ; à peine brunie dans son ensemble, et un peu plus sur les nervures basales. Première cellule radiale fermée, la deuxième minuscule, lenticulaire. Une douzaine de soies sur le complexe radial : la première située à proximité de l'arculus, les suivantes s' étendant jusqu'à l'apex de R2 + 3. Mensurations : 675, 285, 255.

Pattes. Coloration des fémurs, tibias et tarsomères semblable à celle de l'espèce précédente, mais sans aucune dépigmentation des tibias. P1 : une rangée de soies bulbeuses clairsemées sur le seul basitarse. P2 : une rangée de soies bulbeuses clairsemées sur les deux premiers tarsomères. P3 : grand peigne tibial à six dents ; une rangée de soies bulbeuses très clairsemées sur les quatre premiers tarsomères. Griffes munies d'une petite soie arquée à la base de leur face externe. Empodium présentant cinq à six longues ramifications.

Pince génitale (fig. 11). Sternite IX pubescent sur un peu moins de sa moitié antérieure ; longuement prolongé dans la partie médiane de son bord distal sous la forme d'une languette qui recouvre, et dépasse même, la plus grande partie de l'édéage. Bord postérieur du tergite IX large, rectiligne, transversal. Appendices apico-latéraux allongés, étroits, brusquement rétrécis sur leur dernier quart, et portant chacun deux petites soies, respectivement basale et subapicale. Coxite massif, plus ou moins triangulaire, à sommets arrondis. Dististyle peu grossi à la base ; régulièrement incurvé, progressivement rétréci sur toute sa longueur, et terminé en forme de bec. Corps de l'édéage triangulaire, à peine excavé sur son bord antérieur. Chacun des bras latéraux donne postérieurement naissance à un appendice long, étroit, pigmenté, conservant d'abord la direction générale du corps, puis prenant brusquement une direction opposée, antéro-dorsale. Branches basales des paramères réduites à deux petits sclérites transversaux de structure très simple et symétriquement disposés. Chez l'holotype, l'extrémité interne de chacune de ces branches est très légèrement recourbée vers l'arrière ; sur tous les paratypes, ces extrémités sont situées dans le prolongement l'une de l'autre. Aucune formation susceptible de représenter les branches distales n'est visible.

Matériel-type : captures effectuées au piège de Malaise. L'holotype ♂ et quatre paratypes ♂ : Rivière Bleue, 166°40'06" E, 22°06'05" S, 310 m., maquis sur crête, 12-15.XI.1986 (L. BONNET de LARBOGNE, J. CHAZEAU, A. & S. TILLIER). MNHN.

Discussion : D. neocaledoniensis se sépare, par l'extrême réduction des paramères, du très petit nombre d'espèces connues de la région australasienne (DEBENHAM, 1979) et de Micronésie (TOKUNAGA & MURACHI, 1959), dont la pince génitale du mâle est symétrique. Il se sépare également des rares femelles de ces régions dont le mâle est inconnu, par l'association des caractères suivants : article antennaire XV dépourvu de stylet apical ; mésonotum uniformément noirâtre ; scutellum portant cinq fortes soies.

REMERCIEMENTS

Nous adressons nos très sincères remerciements à Mᵐᵉ et M. A. & S. TILLIER & M. P. BOUCHET (MNHN), ainsi qu'à M. J. CHAZEAU & Mᵐᵉ L. BONNET de LARBOGNE (Centre ORSTOM de Nouméa), qui ont capturé ce matériel. Nous remercions également M. L. MATILE (MNHN) qui nous en a confié l'étude.

RÉFÉRENCES BIBLIOGRAPHIQUES

DEBENHAM, M. L., 1979. — An annotated checklist and bibliography of Australasian Ceratopogonidae (Diptera, Nematocera). *Monogr. Ser., Entomonograph.,* **1** : XIV + 671 pp. *School Publ. Health Trop. Med. Univ.* Sydney.

KIEFFER, J. J., 1906. — Diptera, Fam. Chironomidae. *In* WYTSMAN, *Genera Insectorum,* **42** : 1-78.

KIEFFER, J. J., 1911. — Nouvelles descriptions de Chironomides obtenus d'éclosion. *Bull. Soc. Hist. Nat. Metz,* **27** : 1-60.

KIEFFER, J. J., 1917. — Chironomides d'Australie conservés au Musée National Hongrois de Budapest. *Annls. Mus. natn. hung.,* **15** : 175-228.

MACFIE, J. W. S., 1939. — A note on the re-examination of Australian species of Ceratopogonidae (Diptera). *Proc. Linn. Soc. N.S.W.,* **64** : 555-558.

SKUSE, F. A. A., 1889. — Part VI. The Chironomidae. *In* Diptera of Australia. *Proc. Linn. Soc. N.S.W.,* **4** : 215-311.

TOKUNAGA, M. & MURACHI E. K., 1959. — Diptera : Ceratopogonidae. *In : Insects of Micronesia,* **12** (3) : 103-434.

11

Diptères Anisopodoidea Mycetobiidae de Nouvelle-Calédonie

Michel BAYLAC & *Loïc* MATILE

Muséum national d'Histoire naturelle
Laboratoire d'Entomologie, CNRS UA 42
45, rue Buffon
75005 Paris

RÉSUMÉ

Le groupe présumé monophylétique formé par les genres *Mycetobia* Meigen et *Mesochria* Enderlein, le plus souvent traité comme une sous-famille des Anisopodidae, peut à juste titre être élevé au niveau familial, position confortée par l'âge absolu minimum (crétacé) que l'on peut lui attribuer. La famille des Mycetobiidae est signalée pour la première fois de la région australasienne. Deux espèces de *Mycetobia* ont été découvertes en Nouvelle-Calédonie, *M. neocaledonia* n. sp. (♂ ♀) et *M. scutellaris* n. sp. (♀ seulement). Ces espèces sont très étroitement apparentées par la perte de l'éperon tibial externe III, caractère unique dans la famille.

ABSTRACT

The authors consider that the inferred monophyletic group formed by the genera *Mycetobia* Meigen and *Mesochria* Enderlein, generally considered as a subfamily of the Anisopodidae, can rightly be raised to family rank; their position is supported by the minimum absolute age (cretaceous) which can be attributed to the group. The family Mycetobiidae is recorded for the first time in the Australasian region. Two new species belonging to the genus *Mycetobia* have been discovered in New Caledonia, *M. neocaledonica* n. sp. (♂ ♀) and *M. scutellaris* n. sp. (♀ only). The loss of the outer tibial spur III in the two species, a feature unique in the family, indicates that they are very closely allied.

BAYLAC, M. & MATILE, L., 1988. — Diptères Anisopodoidea Mycetobiidae de Nouvelle-Calédonie. *In* : S. TILLIER (ed.), Zoologia Neocaledonica, Volume 1. *Mém. Mus. natn. Hist. nat.*, (A), **142** : 83-87. Paris ISBN : 2-85653-163-6

La position systématique du genre *Mycetobia* a été longtemps controversée, au point que le genre figure dans deux fascicules différents du *Genera Insectorum*, celui des Mycetophilidae (JOHANNSEN, 1909) et celui des Protorhyphidae, Anisopodidae, etc. (EDWARDS, 1928). Même après cette dernière révision du grand spécialiste des Nématocères, où les genres *Mycetobia* Meigen et *Mesochria* Enderlein étaient considérés, principalement grâce à la morphologie larvaire, comme appartenant à la famille des Anisopodidae (avec les *Olbiogaster* Osten Sacken), ces deux genres ont connu des sorts variés.

Qu'ils forment un groupe monophylétique semble assuré par deux fortes synapomorphies imaginales, la perte de la cellule discale et la forte réduction, ou même la disparition, des gonostyles mâles. HENNIG (1954) pensait que leur attribution aux Anisopodoidea reposait sur des symplésiomorphies, et leur attribuait le rang de famille (Mycetobiidae) au sein des Mycetophiliformia ; ROHDENDORF (1962) a adopté cette position. Par la suite TUOMIKOSKI (1961) a contesté l'opinion de HENNIG et souligné les nombreuses ressemblances existant entre Mycetobiidae et Anisopodidae. HENNIG lui-même l'a suivi en 1973, ne leur reconnaissant même plus de rang supra-générique. PETERSON (1981) rétablit les Mycetobiinae (mais en classant *Olbiogaster* dans les Anisopodinae), tout en admettant que la classification la plus récente de HENNIG pourrait être la plus juste.

Il nous semble que TUOMIKOSKI (*op. cit.*) n'a pas fait la démonstration que les ressemblances entre Mycetobiinae et Anisopodinae relevaient de la synapomorphie plutôt que de la similitude générale. A dire vrai, la seule synapomorphie explicitement citée par cet auteur réside dans la présence, sur l'antépénultième segment des palpes imaginaux, d'un profond sillon sensoriel, tubulaire ou en forme de gourde. Or d'après DE SOUZA AMORIM (1982), cet état serait plésiomorphe chez les Diptères ; comme l'un de nous l'a d'ailleurs remarqué (MATILE, 1986), c'est bien en tout cas par une fosse qu'est représenté le sensorium des palpes des Mécoptères, groupe-frère plésiomorphe des Diptères.

Si l'appartenance des « Mycetobiinae » aux Anisopodoidea paraît vraisemblable, il nous semble que les relations de parenté entre eux et les différents taxa monophylétiques constituant la superfamille sont loin encore d'être claires ; l'émission d'une hypothèse de phylogénie à fort degré de corroboration exigera une analyse rigoureuse de tous les caractères disponibles, et en particulier des genitalia mâles et de la capsule céphalique larvaire.

Dans l'expectative, il nous paraît plus raisonnable de ne pas occulter, par l'inclusion de ce taxon dans les Anisopodidae, l'incertitude où nous sommes de la nature de ses relations de parenté avec les autres membres du groupe, et par conséquent de lui accorder le rang familial. Ceci nous paraît également justifié par l'âge absolu minimum que l'on peut lui assigner, selon ce critère de HENNIG maintenant peu défendu, mais dont l'un de nous a néanmoins préconisé l'emploi dans les groupes où les hypothèses biogéographiques ou les fossiles, ou les deux, permettent de l'établir (MATILE, 1981).

Des *Anisopus* et des *Mycetobia* sont connus de l'ambre de la Baltique (fin Eocène-début Oligocène), ainsi qu'une espèce d'*Olbiogaster* de l'Eocène nord-américain ; ils ne diffèrent en rien des représentants actuels de ces genres (EDWARDS, 1928). On connaît un Anisopodidae certain (encore non décrit) de l'ambre du Crétacé supérieur du Canada (McALPINE & MARTIN, 1969), sans parler des espèces apparentées aux Anisopodoidea mentionnées par ROHDENDORF (*cf.* notamment 1964) du Jurassique, dont la position demande à être confirmée, quoique la souche ancestrale du groupe *Olbiogaster*, en tout cas, remonte vraisemblablement à cette époque (voir notamment discussion *in* HENNIG, 1954).

Il faut donc dater l'origine des *genres* actuels au plus tard du Crétacé supérieur, ce qui est encore confirmé par la répartition amphinotique (sous-région chilienne et Nouvelle-Zélande) du groupe d'*Anisopus fuscipennis* Macquart (EDWARDS, 1930). Même si les « Mycetobiinae » représentent vraiment le groupe-frère de l'ensemble « Anisopodinae + Olbiogasterinae », la séparation des deux souches ne peut guère être postérieure au Crétacé moyen ; elle est probablement beaucoup plus ancienne si les fossiles du Jurassique tels que *Mesorhyphus nanus* Handlirsh, du Lias européen, appartiennent bien au groupe de parenté des « Olbiogasterinae ». Ceci nous semble justifier largement notre position (voir discussion *in* MATILE, 1981).

Les Mycetobiidae comprennent donc deux genres, *Mycetobia* (régions holarctique et néotropicale) et *Mesochria* (régions afrotropicale et orientale). Deux espèces de *Mycetobia* ont été découvertes en Nouvelle-Calédonie ; la famille et le genre sont donc cités ici pour la première fois de la région australasienne. Il est curieux qu'aucune espèce d'*Anisopus*, dont une lignée, on l'a vu, est amphinotique, n'ait été récoltée.

Les larves connues de *Mycetobia* vivent dans la sève qui s'échappe des blessures des arbres, ou dans divers exudats de troncs pourris de feuillus ou de résineux (*cf.* EDWARDS, 1928 ; MAMAEV, 1968, 1971).

Le matériel faisant l'objet de cette note est déposé, y compris les holotypes, au Muséum national d'Histoire naturelle, Paris.

Mycetobia neocaledonica n. sp.

Description : (holotype mâle). — Longueur de l'aile : 3,2 mm. Tête : occiput brun-noir luisant, postgènes jaunes. Yeux séparés en avant par environ la moitié du plus grand diamètre des ocelles. Front roux luisant. Antennes : scape, pédicelle et pédoncule du premier flagellomère jaunes, le reste brun-noir. Face, palpes et trompe jaunes.

Thorax : prothorax jaune pâle. Scutum jaune luisant, marqué de deux grandes taches latérales brunes ; soies scutales brunes. Scutellum jaune, portant quatre fortes soies noires, les externes aussi longues que les internes. Médiotergite jaune, luisant, une large bande transversale brune le long de la dépression sous-scutellaire. Pleures jaune pâle ; mésanépisterne roux dorsalement, katépisterne marqué d'une bande transversale passant du roux en avant au brun en arrière. Latérotergite brun-roux, les marges plus claires, sauf l'antérieure.

Pattes : hanches jaune pâle. Fémurs et tibias jaune plus soutenu, fémurs II-III étroitement brunis à l'apex ; éperons 1 : 1: 1, jaunes, peignes III roux. Protarses jaune pâle, tarsomères suivants assombris par la pilosité.

Ailes jaune hyalin, nervures brunes. Sc se

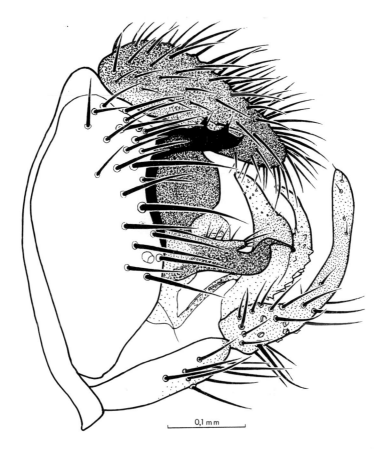

0,1 mm

FIG. 1. — *Mycetobia neocaledonica* n. sp., holotype mâle, hypopyge, vue latérale.

terminant au niveau du premier tiers de la dernière section de R1. R2 + 3 se terminant juste après l'apex de R1. CuA2 distinctement courbée. Anale 1 complète, mais très faible. Sc ciliée ventralement sur toute sa longueur. Balanciers jaunes.

Abdomen : tergites luisants. I jaune pâle, II jaune plus sombre, III concolore, mais avec une grande tache triangulaire brune à sommet basal. Tergites IV-V bruns, les suivants jaunes. Tous les sternites jaunes.

Hypopyge jaune, les appendices plus ou moins fortement brunis (fig. 1). Sternite X présent, formant un processus allongé, la base, ciliée, plus large.

Allotype femelle semblable au mâle, mais les taches scutales beaucoup plus étendues, de sorte que le scutum serait mieux décrit comme brun-noir luisant avec une large bande médiane jaune, élargie latéralement à la marge antérieure. Médiotergite presque entièrement brun. Pattes : tibia III étroitement bruni à la base. Abdomen : tergite I jaune, tous les autres brun luisant. Sternites basaux jaunes, les suivants fonçant progressivement au brun luisant taché de jaune. Ovipositeur brun clair, faiblement luisant.

Variations. — Certains paratypes ont la bande scutale jaune plus ou moins maculée de brun-roux sur le disque.

Matériel-type : holotype mâle, allotype femelle et deux paratypes femelles : Rivière Bleue, Parc 5, 150 m., forêt humide sur alluvions, piège de Malaise, 5-20.I.1987 (L. BONNET de LARBOGNE, J. CHAZEAU & A. & S. TILLIER). Paratypes : Rivière Bleue, Parc 6, 160 m., forêt humide sur alluvions, piège de Malaise, 5-20.I.1987, 4 ♀ (L. BONNET de LARBOGNE, J. CHAZEAU & A. & S. TILLIER) ; Rivière Bleue, piège de Malaise, 19.XI-4.XII.1985, 1 ♀ (J. CHAZEAU) ; Mont Panié, 260 m., piège de Malaise, 11-16.XII.1983, 1 ♀ (L. MATILE).

Discussion : Cette espèce est unique dans la famille par la disparition de l'éperon externe III. Des *Mycetobia* de la région néotropicale, nous avons examiné *M. limanda* Stone et deux espèces apparemment non décrites, respectivement du Nicaragua et du Brésil ; nous n'en connaissons

malheureusement pas les mâles. PHILIPPI (1865) a décrit un « *Mycetobia ? fulva* » du Chili, mais cet insecte ne peut appartenir à ce genre en raison de la présence de deux ocelles seulement, et de sa nervation « ressemblant à celle de *Platyura* ». D'après EDWARDS (1928), il s'agirait probablement d'un Ditomyiidae du genre *Nervijuncta* Marshall [1]. Quoi qu'il en soit, la description originale mentionne explicitement la présence de deux éperons bien développés. Nous ne sommes donc pas en mesure, pour le moment, de préciser les affinités de *M. neocaledonica* et de l'espèce suivante. Peut-être le genre, qui couvre l'Asie paléarctique, existe-t-il aussi en région orientale, dont il n'a pas encore été signalé (*cf.* STONE, 1973) ; les *Mycetobia* néo-calédoniens pourraient alors appartenir à l'élément oriental de la faune de cette île.

Mycetobia scutellaris n. sp.

Description : (holotype femelle). — Longueur de l'aile : 3,7 mm. Diffère des femelles de l'espèce précédente par les caractères suivants :

Tête jaune, sauf le triangle ocellaire, noir. Scutum jaune-roux luisant, non avec de grandes taches latérales, mais avec deux étroites bandes dorsales brun-noir, incomplètes en avant. Scutellum brun-noir luisant, portant deux grandes scutellaires internes, les externes ciliformes. Médiotergite entièrement brun, de même que les sclérites pleuraux. Pattes entièrement jaunes. Ailes : CuA2 plus fortement courbée. Abdomen : tergite II largement marqué de jaune de chaque côté du disque, III moins nettement et moins largement ; une tache dorsale jaune à cheval sur les deux tergites prégénitaux. Sternites unicolores, jaunes. Ovipositeur brun sombre luisant.

Variations. — Le deuxième paratype a les tergites abdominaux entièrement bruns à partir du II.

Matériel-type : holotype femelle et un paratype femelle : Rivière Bleue, Parc 6, 160 m, forêt humide sur alluvions, piège de Malaise, 8-25.XII. 1986 (L. BONNET de LARBOGNE & J. CHAZEAU) ; id., 5-20.I.1987, 1 ♀ (L. BONNET de LARBOGNE, J. CHAZEAU & A. & S. TILLIER).

---

1. FREEMAN (1951) l'inclut avec doute dans les « *Platyura* » ; PAPAVERO (1967) le maintient, également avec un point d'interrogation, dans les *Mycetobia*.

Discussion : Étroitement allié à l'espèce précédente par la perte de l'éperon tibial externe III, *M. scutellaris* s'en distinguera aisément non seulement par la coloration (notamment côtés du scutum jaune et scutellum brun), mais aussi par la présence de deux grandes soies scutellaires au lieu de quatre.

RÉFÉRENCES BIBLIOGRAPHIQUES

DE SOUZA AMORIM D., 1982. — *Sistematica filogénética dos Scatopsidae (Diptera ; Oligoneura ; Bibionomorpha)*. Thèse, Departamento de Zoologia do Instituto de Biociências da Universidade de Saõ Paulo : (3) + i + 173.

EDWARDS, F. W., 1928. — Diptera. Fam. Protorhyphidae, Anisopodidae, Pachyneuridae, Trichoceridae. *Genera Insect.*, **190** : 1-41, 2 pl.

EDWARDS, F. W., 1930. — Bibionidae, Scatopsidae, Cecidomyiidae, Culicidae, Thaumaleidae (Orphnephilidae), Anisopodidae (Rhyphidac). *In : Diptera of Patagonia and South Chile.* London, British Museum (Natural History), **2** (3) : 77-119, 11 pl.

FREEMAN, P. 1951. — Mycetophilidae. *In : Diptera of Patagonia and South Chile.* London, British Museum (Natural History), **3** : 1-138, 49 pl.

HENNIG, W., 1954. — Flügelgeader und System des Dipteren unter Berücksichtigung des aus dem Mesozoikum beschrieben Fossilien. *Beitr. Entomol.*, **4** (3/4) : 245-388.

HENNIG, W., 1973. — Diptera (ZWEIFLÜGER). *In : J. G. HELMCKE, D. STARCK & H. VERMUTH, Handbuch der Zoologie. Eine Naturgesichte der Stamme des Tierreiches, gegründet von Willy Kükenthal.* Berlin, **4** (2) 2/31, Lief. 20 : [3] + 1-200.

JOHANNSEN, O. A., 1909. — Diptera. Fam. Mycetophilidae. *Genera Insect.*, **93** : 1-141, 7 pl.

MAMAEV, B. M., 1968. — [New Nematocerous Diptera of the USSR Fauna (Diptera, Axymiidae, Mycetobiidae, Sciaridae, Cecidomyiidae)]. *Entomol. Obozr.*, **47** (3) : 605-616 (en russe, résumé anglais).

MAMAEV, B. M., 1971. — [Geographical distribution of Palearctic representatives of the genus *Mycetobia* (Diptera, Mycetobiidae)]. *Zool. Zh.*, **50** (2) : 296-297 (en russe, résumé anglais).

MATILE, L., 1981. — Description d'un Keroplatidae du Crétacé moyen et données morphologiques et taxinomiques sur les Mycetophiloidea (Diptera). *Ann. Soc. entomol. Fr., (N. S.)*, **17** (1) : 99-123.

MATILE, L., 1986. — *Recherches sur la systématique et l'évolution des Keroplatidae (Diptera Mycetophiloidea)*. Thèse de Doctorat d'État, Paris, Muséum national d'Histoire naturelle et Université Pierre et Marie CURIE : [5] + (12) + xxxi + 1-913, 215 fig. dans le texte, 273 pl.

McALPINE, J. F. & MARTIN, J. E. H., 1969. — Canadian amber — a paleontological treasure-chest. *Can. Entomol.*, **101** : 819-838.

PAPAVERO N., 1967. — Family Anisopodidae (Rhyphidae, Phryneidae, Sylvicolidae). *In : N. PAPAVERO, A Catalogue of the Diptera of the Americas South of the United States*, Saõ Paulo, **17** : 1-9.

PETERSON, B. V., 1981. — Anisopodidae : 305-312. *In : J. F. McALPINE, B. V. PETERSON, G. E. SHEWELL, H. J. TESKEY, J. R. VOCKEROTH & D. M. WOOD (coord.), Manual of Nearctic Diptera*, 1, Research Branch, Agriculture Canada Monograph n° 27 : vi + 1-674.

PHILIPPI, R. A., 1865. — Aufzählung der chilenischen Dipteren. *Verh. zool. bot. Ges. Wien*, **15** : 595-782, pl. 23-29.

ROHDENDORF, B. B., 1962. — [Ordre Diptera] : 307-344. *In : [Fondements de la paléontologie, Tracheata et Chelicerata]*, Moscou, Academia Nauk CCCP (en russe).

ROHDENDORF, B. B., 1964. — [Le Développement historique des Diptères]. *Tr. paleontol. Inst. Akad. Nauk. SSSR.*, **100** : 1-311 (en russe).

STONE, A., 1973. — Family Anisopodidae (Rhyphidae, Phryneidae, Sylvicolidae) : 431-433. *In : M. D. DELFINADO & D. E. HARDY, A Catalog of the Diptera of the Oriental Region*, 1, Honolulu, University Press of Hawaii : [2] + 1-618.

TUOMIKOSKI, R., 1961. — Zur Systematik der Bibionomorpha (Dipt.). *Suom. hyönteistiet. Aikak. Ann. Entomol. Fenn.* **27** : 65-69.

Diptères Mycetophiloidea de Nouvelle-Calédonie
2. Keroplatidae [1]

Loïc MATILE

Muséum national d'Histoire naturelle
Laboratoire d'Entomologie, CNRS UA 42
45, rue Buffon
75005 Paris

RÉSUMÉ

Les Keroplatidae de Nouvelle-Calédonie sont étudiés pour la première fois. Trente-trois espèces, toutes endémiques, ont été récoltées dans le cadre de divers programmes. Trois genres nouveaux, *Dimorphelia, Lutarpyella* et *Rhynchorfelia* sont décrits, ainsi que 29 espèces. Une clé d'identification est donnée pour ces taxa. Lorsque des affinités ont pu être reconnues, elles ont mis en évidence la nature triple de la faune néo-calédonienne, qui comporte des éléments australiens, néo-zélandais et néo-guinéens-orientaux.

ABSTRACT

The Keroplatidae of New Caledonia are studied for the first time. Thirty-three species, all endemic, have been collected within the framework of various programs. Three new genera, *Dimorphelia, Lutarpyella* and *Rhynchorfelia* are described, as well as 29 species. A key to these taxa is given. When affinities have been recognized, they have demonstrated the treble nature of the New Caledonian fauna, which comprises elements from Australia and New Zealand, as well a New Guinean-oriental fauna.

1. Voir I. *In : Ann. Soc. entomol. Fr.* (N. S.), 1985, **22** (2) : 286-288.

MATILE, L., 1988. — Diptères Mycetophiloidea de Nouvelle-Calédonie. 2. Keroplatidae. *In* : S. TILLIER (ed.), Zoologia Neocaledonica, Volume 1. *Mém. Mus. natn. Hist. nat.,* (A), **142** : 89-135. Paris ISBN : 2-85653-163-6

Les Diptères Mycetophiloidea de Nouvelle-Calédonie ne sont jusqu'ici connus que par deux espèces, l'une appartenant aux Lygistorrhinidae et décrite *in* MATILE, 1986 a, l'autre aux Keroplatidae du genre *Heteropterna*, et mentionnée *in* MATILE, 1986 b. Il n'y a pas lieu de s'étonner que la faune mycétophiloïdienne de Nouvelle-Calédonie soit si mal connue : il existe peu de spécialistes de cette superfamille, dont aucun, jusqu'à 1983, n'a eu l'occasion de prospecter l'île, et de toutes façons la plupart des Diptères néo-calédoniens n'ont jamais été étudiés autrement qu'occasionellement : une seule famille, celle des Tabanidae, peut être considérée comme ayant fait l'objet d'une véritable monographie (MACKERRAS & RAGEAU, 1958). Il existe bien entendu nombre de publications ponctuelles sur les Diptères de telle ou telle famille, qu'il serait inutile d'inventorier alors que doit paraître prochainement le Catalogue des Diptères de l'Australasie et de l'Océanie, où l'on trouvera toutes ces références.

En ce qui concerne la biogéographie de la Nouvelle-Calédonie, HOLLOWAY (1979) donne quelques éléments fournis par les Diptères : ils sont très limités.

Les Tabanidae semblent refléter les associations les plus anciennes de l'île ; ils comprennent surtout des éléments papous (5 espèces) et australiens (11), avec des taxa plus rares à affinités néo-zélandaises (2). MACKERRAS & RAGEAU (1958) soulignent aussi la présence de quatre espèces de *Philoliche*, un genre oriento-afrotropical. Tous ces Tabanidae sont endémiques au niveau spécifique.

Par contre la faune culicidienne (BELKIN, 1962) ne montre un taux d'endémisme spécifique que de 45 % ; les endémiques ont des affinités avec le sud-est australien et la Tasmanie. L'endémisme des Tipulidae Tipulinae est de 100 %, celui des Limoniinae de 85 %. Les endémiques sont d'affinités surtout australiennes, une seule espèce (*Limonia caledonica*) étant étroitement apparentée à une espèce néo-zélandaise. Les genres « austraux » sont *Phacelodocera* (Nouvelle-Calédonie, Tasmanie et Amérique du Sud) et *Macromastix* (Nouvelle-Calédonie, Australie, Nouvelle-Zélande, Amérique du Sud, plus une espèce de Sri Lanka).

Comme les Diptères, la plupart des autres groupes d'insectes de Nouvelle-Calédonie montrent une origine mixte, avec des affinités australiennes et

néo-zélandaises, auxquelles s'ajoutent des éléments néo-guinéens-orientaux, comme l'ont noté GRESSITT (notamment 1961), MUNROE (1965) et HOLLOWAY (1979). Les proportions de ces différentes faunes varient selon les groupes envisagés.

Il est difficile, pour deux raisons, de tirer des données biogéographiques des Keroplatidae, et plus généralement des Mycetophiloidea neo-calédoniens. D'une part les faunes « avoisinantes » sont très mal connues : la mieux étudiée, celle de Nouvelle-Zélande, l'a été il y a plus d'un demi-siècle (TONNOIR & EDWARDS, 1927). La faune australienne n'est connue que par les travaux pionniers de SKUSE (1888, 1890) et l'inventaire générique de TONNOIR (1929). HARDY (1960) a étudié la faunule d'Hawaii et COLLESS (1966) celle de Micronésie. Rien d'autre n'existe sur les Keroplatidae des régions australienne et océanienne. En particulier, nous ignorons tout de la Nouvelle-Guinée, dont les travaux mentionnés plus haut ont montré l'importance dans la compréhension de la faune néo-calédonienne, et de Vanuatu, si proche de la Nouvelle-Calédonie.

D'autre part, si les Keroplatidae Macrocerinae et *Keroplatini* ont été révisés par MATILE (1986 b), aucune hypothèse de phylogénie, au niveau générique et à l'échelle mondiale, n'a été élaborée pour la grande tribu des *Orfeliini*, qui forme la majeure partie de la faune kéroplatidienne de Nouvelle-Calédonie, ni pour pratiquement tout le reste des Mycetophiloidea, exception faite des Mycetophilidae *Exechiini*, revus par TUOMIKOSKI (1966) et de certains Ditomyiidae étudiés par MUNROE (1974).

C'est donc avec la plus grande prudence que j'émettrai ici quelques hypothèses sur les affinités de la faune kéroplatidienne de Nouvelle-Calédonie. J'ai cependant été aidé dans cette tâche par l'examen de matériels inédits des régions orientale et australasienne, et en particulier de Nouvelle-Guinée ; ce dernier surtout m'a été très précieux.

Trente-trois espèces de Keroplatidae, toutes endémiques et nouvelles, ont été inventoriées ; elles appartiennent surtout aux *Orfeliini*, qui comprennent trois genres inédits (plus, peut-être, deux autres représentés uniquement par des femelles). En voici la liste :

Macrocerinae

Macrocera unicincta n. sp. ; *M. minima* n. sp. ; *M. renalifera* n. sp. ; *M. straatmani* n. sp. ; *M. kraussi* n. sp.

Keroplatinae Orfeliini

Dimorphelia stirpicola n. sp. ; *D. tergata* n. sp. ;
Lutarpyella tibialis n. sp. ; *Neoplatyura boucheti*
n. sp. ; *N. lyraefera* n. sp. ; *N. tillieri* n. sp. ;
N. aperta n. sp. ; *N. bruni* n. sp. ; *N. brevitergata*
n. sp. ; *N. costalis* n. sp. ; *N. annieae* n. sp. ;
Proceroplatus priapus n. sp. ; *P. scalprifera* n.
sp. ; *P. sp.* ; *Pseudoplatyra neocaledonica* n. sp. ;
P. crassitibialis n. sp. ; *Pyrtulina tenuis* n. sp. ;
P. dubia n. sp. ; *Rhynchorfelia rufa* n. sp. ;
Rutylapa boudinoti n. sp. ; *R. flavocinerea* n. sp. ;
R. lucidistyla n. sp. ; *R. lydiae* n. sp. ; *R. discifera*
n. sp. ; *R. sp.* ; *Orfeliini* gen. 1 ; *Orfeliini* gen. 2.

Keroplatinae Keroplatini

Heteropterna chazeaui n. sp.

J'ai pu reconnaître les affinités de 18 sur 33 de
ces espèces endémiques ; comme il fallait s'y
attendre, les trois éléments caractéristiques de la
faune entomologique de la Nouvelle-Calédonie
ont été retrouvés :

1. Éléments néo-zélandais : *Macrocera minima* et
straatmani.

2. Éléments australiens : *Macrocera unicincta*,
Lutarpyella tibialis et les cinq espèces de
Neoplatyura du groupe *lyraefera*.

3. Éléments orientaux : *Rhynchorfelia rufa* et les
six espèces du genre *Rutylapa*.

On peut encore classer *Neoplatyura boucheti* et
Heteropterna chazeaui dans un « groupe aus-
tralo-oriental », dont les relations biogéographiques précises ne seront reconnues que lorsque
des hypothèses de phylogénie seront établies au
niveau spécifique. Ceci n'est pas encore possible
pour les *Neoplatyura*, dont toutes les espèces que
j'ai sous les yeux sont inédites.

En ce qui concerne les *Heteropterna*, les
représentants australo-orientaux en ont déjà été
étudiés en détail *in* MATILE, 1986 b. Rappelons
qu'avec une espèce de Vanuatu, *H. chazeaui*
représente le groupe-frère du groupe formé par
les *Heteropterna* d'Australie, de Fidji et de
Papouasie-Nouvelle-Guinée.

On notera enfin que comme dans le cas des
Tabanidae, avec le genre oriento-afrotropical
Philoliche, les Keroplatidae néo-calédoniens comprennent le genre *Pyrtulina*, dont la répartition
est malgache et néo-guinéenne.

Remarques. — La plupart des holotypes, et la
plus grande partie du matériel étudié ici, sont
déposés au Muséum national d'Histoire naturelle, Paris (MNHN). Quelques holotypes et
paratypes appartiennent au Bishop Museum,
Hawaii (BPBM), un paratype au British
Museum (Nat. Hist.), Londres (BMNH).

Toutes les figures du présent travail sont
originales, à l'exception des figures 65-67, tirées
de MATILE, 1986 b ; elles sont de la main de
l'auteur, sauf les 6-13 et 65-67, dues au talent de
M. G HODEBERT.

CLÉ DES KEROPLATIDAE DE NOUVELLE-CALÉDONIE

1. — Antennes au moins aussi longues que le corps ;
nervure M4 courbée à la base vers Cu1b ; pas
de peignes tibiaux II-III ; pulvilles bien développées ; un sclérite cérébral (Macrocerinae,
genre *Macrocera*) 2
   — Antennes bien plus courtes que le corps ;
nervure M4 non recourbée vers Cu1b ; au
moins un peigne sur les tibias II-III ; pulvilles
réduites ; pas de sclérite cérébral (Keroplatinae) 6

2. — Membrane alaire avec des macrotriches apicaux ; antennes atteignant plus du double de la
longueur de l'aile ; aile maculée (fig. 1) ; hypopyge : fig. 6 .... *M. unicincta*
   — Membrane alaire dépourvue de macrotriches ;
antennes plus courtes ; aile hyaline ou maculée 3

3. — Aile hyaline, au plus légèrement enfumée à
l'apex ; anale très courte, interrompue bien
avant la marge de l'aile 4
   — Aile jaune tachée de brun ; anale prolongée
jusqu'à la marge 5

4. — Flagellomères antennaires 1-3 épaissis ; scutum brun-roux ; hypopyge : fig. 2 *M. minima*

— Flagellomères 1-3 non épaissis ; scutum noir ;
hypopyge : fig. 3 . . . .   *M. straatmani*

5. — Flagellomères antennaires 1-4 épaissis, le flagelle pas plus long que le corps ; scutum
brun-noir ; R4 épaissie à l'apex ; hypopyge :
fig. 4 . . . .   *M. kraussi*

— Flagelle non épaissi à la base, plus long que
le corps ; scutum jaune ; R4 non épaissie à
l'apex (♀ seulement ; oviposteur : fig. 5, aile :
fig. 7) . . . .   *M. renalifera*

6. — Palpes allongés, le plus souvent de quatre
articles, parfois moins, mais dans ce cas jamais
le dernier palpomère épaissi et dressé ; antennes
filiformes ou monoliformes (*Orfeliini*) . . .   7

— Palpes réduits à un petit palpifère et un
palpomère ovoïde, dressé en avant. Antennes
comprimées (*Keroplatini*) ; médiotergite portant une grande aire membraneuse triangu-
laire . . . .   *Heteropterna chazeaui*

7. — Flagelle antennaire de moins de 14 articles. .   8

— Flagelle antennaire de 14 articles   12

8. — Dix ou 12 flagellomères ; latérotergite nu ou
cilié   9

— Treize flagellomères ; latérotergite cilié (*Pseudoplatyura*)   11

9. — Dix flagellomères. Latérotergite cilié ; de larges
bandes scutales nues ; médiotergite dénudé ;
trompe courte . . . .   gen. indet. 1

— Douze flagellomères. Latérotergite dénudé ;
scutum uniformément cilié ; médiotergite avec
de nombreuses soies discales ; trompe plus
longue que la moitié de la hauteur de l'œil
(*Dimorphelia* ; *partim* : ♀)   10

10. — Fémur antérieur jaune ; dernière section costale
précédée d'une tache blanche très étoite, Cu1b
faiblement et étroitement enfumée (fig. 8) . .
. . . .   *D. stirpicola*

— Fémur I fortement bruni sur le tiers basal ;
tache costale plus grande, Cu1b largement et
fortement enfumée (fig. 9) . . . .   *D. tergata*

11. — Sous-costale libre à l'apex ; tibia III normal,
jaune, noirci sur le quart apical ; hypopyge :
fig. 48-49 . . . .   *P. neocaledonica*

— Sous-costale se terminant sur la costale ; tibia
III brun, fortement aplati et élargi ; hypopyge :
fig. 50 . . . .   *P. crassitibialis*

12. — Trompe au moins aussi longue que la moitié
du plus grand diamètre de l'œil   13

— Trompe normale ou réduite   16

13. — Trompe bien plus longue que la tête, formée
par les labelles, minces et rigides, coaptées au
moins partiellement en tube (fig. 53-54) . . . .
. . . .   *Rhynchorfelia rufa*

— Trompe plus courte que la tête, non tubulaire   14

14. — Trompe large, bien plus courte que les palpes
(fig. 14-15). Médiotergite cilié ; microchètes
tibiaux en rangées régulières dont quelques-
unes plus serrées ; pas d'éperons externes II-
III ; R1 courte, au plus dépassant légèrement
le milieu de l'aile (*Dimorphelia*)   15

— Trompe mince, presque aussi longue que les
palpes. Médiotergite nu ; microchètes tibiaux
irrégulièrement disposés, sauf à l'apex ; éperons externes présents ; R1 dépassant largement le milieu de l'aile . . . .   gen. indet. 2

15. — Fémur antérieur jaune ; dernière section costale précédée d'une tache blanche très étroite,
Cu1b faiblement et étroitement enfumée (fig. 8) ;
hypopyge : fig. 18-19 . . . .   *D. stirpicola*

— Fémur I fortement bruni sur le tiers basal ;
tache costale plus grande, Cu1b largement et
fortement enfumée (fig. 9) ; hypopyge : fig. 22-
23 . . . .   *D. tergata*

16. — Latérotergite cilié ; ailes vivement colorées de
brun (fig. 11-12) (*Proceroplatus*)   17

— Latérotergite nu ; ailes moins vivement colorées
ou hyalines   19

17. — Palpes jaune brunâtre ; fémur III légèrement
bruni à la base ; aile : fig. 11 ; hypopyge :
fig. 46 . . . .   *P. priapus*

— Palpes brun-noir ; fémur III plus largement et
fortement taché à la base   18

18. — Femelle : sternite VIII jaune ; mâle : aile :
fig. 12, hypopyge : fig. 47 . .   *P. scalprifera*

— Femelle : sternite VIII brunâtre ; mâle inconnu. .
. . . .   *Proceroplatus* sp.

19. — Des soies prostigmatiques postérieures . .   20

— Pas de soies prostigmatiques postérieures. .   33

20. — Nervures basses portant des macrochètes dorsaux ; éperons externes normaux ; médiotergite
et métépisterne nus (*Neoplatyura*)   21

— Nervures basses dénudées dorsalement ; éperons externes pas plus longs que les soies
tibiales apicales ; médiotergite et métépisterne
ciliés (*Rutylapa*)   28

21. — Membrane alaire (mâle seulement) avec de
longs macrotriches courbes le long de la marge
postérieure ; M1 et M2 rapprochées à l'apex. .
. . . .   *N. boucheti*

— Membrane alaire mâle avec des macrotriches
normaux ou sans macrotriches ; M1 et M2
divergentes à l'apex   22

22. — Aile plus ou moins fortement assombrie à
l'apex ; zone sensorielle du tibia I brune. .   23

— Aile hyaline ; zone sensorielle du tibia I jaune
ou rousse   24

23. — Flagelle antennaire brun ; scutum en grande
partie jaune-roux ; aile fortement assombrie à
l'apex, marge de la cellule anale également

brunie ; hypopyge : fig. 30 ... *N. annieae*
— Flagelle antennaire jaune brunâtre ; scutum roux sombre, le disque en grande partie occupé par trois bandes longitudinales brunes ; aile légèrement assombrie à l'apex ; hypopyge : fig. 33 . . . . *N. bruni*

24. — Costale s'étendant sur les 5/6ᵉ de l'intervalle R5-M1 ; sc très courte, se terminant au niveau du milieu de la cellule basale ; anale longue, atteignant la marge de l'aile ; hypopyge : fig. 29 . . . . *N. costalis*
— Costale ne dépassant pas les 2/3 de l'intervalle R5-M1 ; sc plus longue, se terminant au niveau de la base de Rs ou très peu avant ; anale interrompue bien avant la marge de l'aile. . 25

25. — Ocelle médian égal à la moitié du diamètre des externes. 26
— Ocelle médian punctiforme 27

26. — Tergites abdominaux II-VI à bandes apicales jaunes ; fusion radiomédiane aussi longue que R4 ; hypopyge : fig. 31 . . . . . *N. lyraefera*
— Tergites abdominaux II-V à bandes apicales brunes ; fusion radiomédiane ne dépassant pas la moitié de R4 ; hypopyge : fig. 34 . . . . *N. aperta*

27. — Mâle : tergites abdominaux V-VIII à marge apicale jaune ; hypopyge : fig. 32 *N. tillieri*
— Mâle : tergites abdominaux V-VII à marge apicale brune, le VIII entièrement brun ; hypopyge : fig. 35 . . . . *N. brevitergata*

28. — Ailes en majeure partie hyalines 29
— Ailes distinctement enfumées à l'apex et le long de la marge antérieure (mâle inconnu). . . . . *Rutylapa* sp.

29. — Antenne et capitule des balanciers jaunes ou roux ; scutum en majeure partie jaune ou roux. 30
— Antenne et capitule des balanciers bruns ; scutum entièrement ou en grande partie brun ; hypopyge : fig. 64 . . . . *R. discifera*

30. — Antennes, palpes, peigne tibial antérieur jaunes ; scutum jaune avec trois bandes longitudinales, minces, plus ou moins distinctes 31
— Antennes, palpes, peigne tibial roux ; scutum roux, au plus avec une ligne médiane peu distincte ; hypopyge : fig. 59 . *R. boudinoti*

31. — Au plus 8-9 soies médiotergales ; R4 éloignée de R1 par au moins 1,8 fois sa propre longueur ; abdomen annelé de brun ou de noir 32
— Douze soies médiotergales ; R4 éloignée de R1 par 1,5 fois sa propre longueur ; abdomen à taches apicales triangulaires gris cendré ; hypopyge : fig. 58 . . . . *R. flavocinerea*

32. — Abdomen à bandes apicales noir brunâtre très distinctes ; seulement 2-3 microchètes médiotergaux ; microchètes métépisternaux peu nombreux ; gonostyle : fig. 60 .. *R. lucidistyla*
— Abdomen à bandes apicales brun grisâtre peu distinctes ; au moins 4-5 microchètes médiotergaux ; microchètes métépisternaux couvrant presque toute la surface du sclérite ; hypopyge : fig. 63 . . . . *R. lydiae*

33. — Médiotergite cilié ; tibia III normal ; éperons externes II-III présents (*Pyrtulina*) 34
— Médiotergite nu ; tibia III épaissi avant le dernier tiers (♂) ; pas d'éperons externes II-III ; hypopyge : 26-27 . . . . . *Lutarpyella tibialis*

34. — Scutum, scutellum et médiotergite bruns ; éperons externes II-III très petits ; ailes largement enfumées ; capitule des balanciers brun-noir ; abdomen brun-noir ; hypopyge : fig. 51 . . . . *P. tenuis*
— Scutum roux, scutellum et médiotergite jaunes ; éperons externes au moins aussi longs que la longueur apicale des tibias ; ailes hyalines ; capitule jaune sombre ; abdomen roux ; hypopyge : fig. 52 . . . . *P. dubia*

ÉTUDE DES ESPÈCES

MACROCERINAE

Trois genres appartenant à cette sous-famille sont représentés dans la région australasienne : *Chiasmoneura* DE MEIJERE, *Macrocera* MEIGEN et *Paramacrocera* EDWARDS. Seuls des *Macrocera* ont été rencontrés en Nouvelle-Calédonie.

Genre Macrocera MEIGEN

Macrocera MEIGEN, 1803 : 261. Espèce-type : *Macrocera lutea* Meigen, par désignation de CURTIS, 1837 : 637.

Une vingtaine d'espèces de *Macrocera* sont connues de la région australasienne, principalement de Nouvelle-Zélande ; le présent matériel en compte cinq.

Macrocera unicincta n. sp.

Description : (holotype mâle). — Longueur de l'aile : 4 mm ; longueur de l'antenne : 9 mm. Tête jaune, les trois calus ocellaires fortement brunis. Antennes : scape, pédicelle, premier flagellomère et base du deuxième jaunes, le reste brun : flagellomères cylindriques, les basaux non élargis et aplatis. Trompe rousse, palpes brun-noir.

Thorax jaune. Scutum portant trois larges bandes longitudinales jaune orangé, les latérales prolongées jusqu'au scutellum. Soies dorsocentrales en rangée unisériée, pas de soies acrosticales. Scutellum et médiotergite jaunes, le scutellum dépourvu de macrochètes sombres, portant quelques petites soies jaune d'or, très difficilement visibles. Pleures entièrement jaunes.

Hanches et pattes jaunes, les tibias et les tarses assombris par la ciliation. Éperons jaunes. Protarse I plus court que le tibia (4 : 5,6).

Ailes (fig. 6) jaunes tachées de brun : la moitié basale de l'épaississement apical de R1, une tache centrale vers le milieu de la première cellule radiale, prolongée sur la fusion radiomédiane et la base du pétiole de la fourche, mais non prolongée jusqu'à M4 ; apex de l'aile bruni, mais moins fortement, à partir d'environ le milieu de la deuxième cellule radiale ; une petite tache entre M4 et Cu1b, débordant légèrement M4, située à l'emplacement de la flexion de celle-ci. Membrane alaire avec des macrotriches apicaux après le niveau de R4. Costale dépassant R5 sur environ le tiers de l'intervalle R1-R5. Sous-costale ciliée dorsalement, se terminant un peu avant l'apex de la cellule basale ; sc2 évanescente, proche de h. R1 fortement épaissie à l'apex. R4 courte et oblique, son apex proche de celui de R1. Fusion radiomédiane ne dépassant pas le tiers de la longueur du pétiole de la fourche

médiane. Anale nue, prolongée jusqu'au bord de l'aile. Balanciers jaunes, le pédicelle plus pâle.

Abdomen jaune, sauf les deux derniers segments prégénitaux, uniformément bruns.

Hypopyge (fig. 1) jaune, sauf les deux dents gonostylaires, brun-noir, et l'apex des gonostyles, légèrement bruni.

Variations : les bandes scutales sont indiscernables sur le paratype.

Matériel-type : holotype mâle : Mont Mou, 150-250 m, 6.XII.1983, fauchage en sous-bois (L. MATILE). Un paratype mâle : route du Col d'Amieu, 200 m, 30.XI.1983 (L. MATILE). MNHN.

Localité-type : Mont Mou, 150-250 m.

Discussion : sur le plan de la coloration alaire, *M. unicincta* est proche de *M. obsoleta* EDWARDS, de Nouvelle-Zélande, qui possède également des macrotriches alaires et des antennes bien plus longues que le corps. Elle s'en distingue par la moindre étendue de la zone ciliée de l'aile, et surtout par l'abdomen jaune unicolore, puis fortement bruni avant l'hypopyge, caractère qui la sépare de toutes les autres espèces de la région australasienne.

Macrocera minima n. sp.

Description : (holotype mâle). — Longueur de l'aile : 2 mm. Tête (en partie encollée, nombreux détails masqués) : occiput et sclérite cérébral brun-noir, luisants. Antennes : scape et pédicelle jaunes, flagellomères bruns (antennes brisées après le cinquième flagellomère) ; flagellomères 1 à 3 nettement élargis, mais cependant bien plus longs que larges, les suivants cylindriques, allongés. Face jaune, palpes bruns.

Thorax : scutum brun-roux sombre, sans bandes longitudinales distinctes. Soies dorsocentrales irrégulièrement bisériées, quelques acrosticales antérieures. Scutellum brun-roux, portant trois paires de soies marginales, dont la médiane nettement plus longue que les autres. Médiotergite brun-roux, sclérites pleuraux roux, luisants.

Pattes : hanches rousses, fémurs, tibias et tarses jaunes (protarses I partiellement brisés) ; éperons bruns.

Ailes hyalines, indistinctement enfumées de

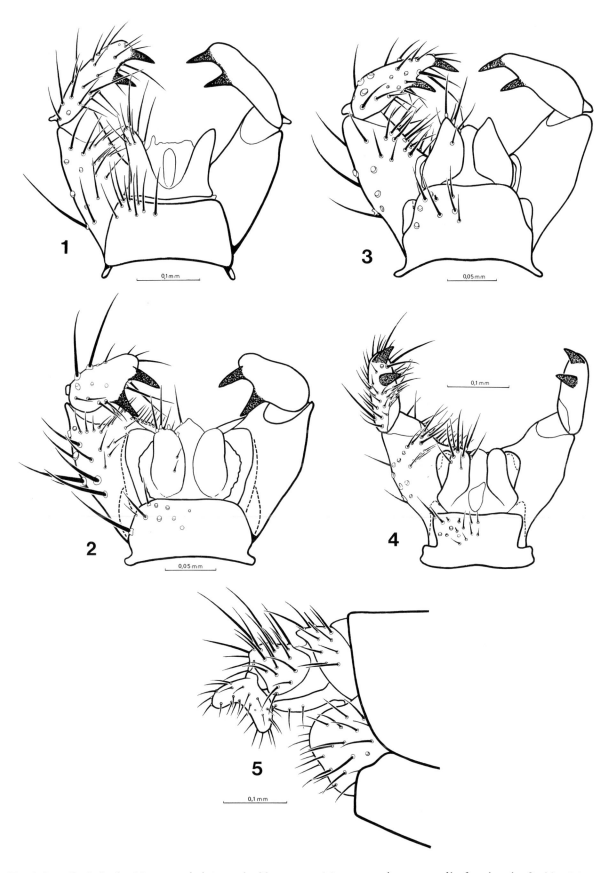

Fig. 1-5. — Genitalia des *Macrocera*, holotypes. 1 : *Macrocera unicincta* n. sp., hypopyge mâle, face dorsale ; 2 : *M. minima* n. sp., id. ; 3 : *M. staatmani* n. sp., id. ; 4 : *M. kraussi* n. sp., id. ; 5 : *M. renalifera* n. sp., ovipositeur, face latérale.

Cu1b à l'apex. Membrane alaire dépourvue de macrotriches. Sous-costale courte, portant trois macrochètes apicaux, se terminant au-dessus de la base de Rs ; sc2 absente. R1 non épaissie à l'apex. R4 longue, fortement oblique, son apex relativement éloigné de celui de R1. Fusion radiomédiane très courte mais non punctiforme. M4 légèrement, mais distinctement interrompue à la base. Anale faible, très courte, dénudée, interrompue au niveau de la base de Rs. Balanciers : pédicelle jaune-roux, capitule jaune.

Abdomen : segments I-V jaunâtres, les suivants brunâtres.

Hypopyge (fig. 2) brun jaunâtre, sauf les dents gonostylaires, noirâtres.

Matériel-type : holotype mâle : Forêt de la Thi, piège lumineux, 10.VIII.1978 (Ph. FAURAN). MNHN.

Localité-type : Forêt de la Thi.

Discussion : cette espèce (de même que la suivante) est manifestement étroitement apparentée à *M. pulchra* TONNOIR, de Nouvelle-Zélande, par la forte réduction, exceptionnelle dans le genre, de la nervure anale. La description de TONNOIR est trop brève pour que l'on sache si ces espèces partagent d'autres apomorphies. *M. pulchra* diffère de *M. minima* par la sous-costale effacée à l'apex, et les pleures et les hanches II-III noires.

J'ai sous les yeux deux femelles qui appartiennent peut-être à *M. minima*, mais je préfère ne pas les considérer comme types en raison de leur teinte générale plus claire, du scutum jaune à trois bandes longitudinales grises, peu distinctes, surtout la médiane ; abdomen uniformément brun. Mont Kaala, 164°23′26″ E, 25°38′18″ S, maquis sur pente sud, 500 m, piège de Malaise, 24.IX-8.X.1986 (L. O. BRUN, J. CHAZEAU & A. & S. TILLIER).

Macrocera straatmani n. sp.

Description : (holotype mâle). — Longueur de l'aile : 2,1 mm. Tête : occiput et cérébral brun-noir, calus ocellaires noirs, peu distinctement séparés du reste de la tête. Front jaune. Antennes pas plus longues que le corps ; scape jaune, pédicelle brun ; flagellomères basaux non épaissis,

premier flagellomère jaune, légèrement bruni à l'apex, le reste du flagelle brun. Premier flagellomère bien plus long que large, les suivants cylindriques, plus longs que larges. Face, trompe et palpes jaunes.

Thorax : prothorax brun-noir. Scutum uniformément noir, dorsocentrales indistinctement bisériées. Scutellum brun-noir, portant deux paires de soies subdiscales longues, surtout la paire interne. Médiotergite et pleures brun-roux, l'anépisterne, l'épimère et la partie dorsale du latérotergite noircis.

Pattes : hanches brun-roux, le reste jaune-roux. Éperons noirs, les II-III pas plus longs que la largeur apicale des tibias. Protarse I près de moitié plus court que le tibia (1 : 1,9).

Ailes jaunâtres, légèrement et indistinctement enfumées à l'apex et à la marge postérieure. Membrane dépourvue de macrotriches. Costale dépassant R5 sur environ la moitié de l'intervalle R5-M1. Sous-costale dénudée, se terminant au niveau de la base de Rs ; sc2 absente. R1 non épaissie à l'apex. R4 longue et oblique, son apex éloigné de R1 par un peu moins de sa propre longueur. Fusion radiomédiane très courte, presque punctiforme. M4 nettement interrompue à la base. Anale dénudée, courte, mais bien sclérifiée, se terminant avant le niveau de l'apex de la cellule basale. Balanciers brun-noir.

Abdomen : segments I-IV jaunes, tergite V en grande partie noir, sauf une bande basale jaune ; sternite V jaune. Le reste des segments noir.

Hypopyge (fig. 3) brun-noir. Gonostyles allongés, bidentés à l'apex.

Matériel-type : holotype mâle : Monts Koghis, 500 m, piège de Malaise, 4.XII.1963 (R. STRAATMAN). BPBM.

Localité-type : Monts Khogis, 500 m.

Discussion : *M. straatmani* est étroitement apparenté à *M. minima*, dont il diffère par les antennes non épaissies à la base, des détails de coloration et, en ce qui concerne les genitalia mâles, par les tubes gonostylaires plus longs, les gonostyles moins élargis, à dents plus apicales, et le tergite IX proportionnellement plus long.

Macrocera kraussi n. sp.

Description : (holotype mâle). — Longueur de l'aile : 3 mm. Tête : occiput et cérébral noirs. Antenne : scape et pédicelle roux brunâtre, flagelle brun, plus clair à la base, pas plus long que le corps : les quatre premiers flagellomères nettement épaissis. Face et palpes brun-noir.

Thorax : prothorax roux. Scutum brun-noir, luisant, dorsocentrales unisériées, bien développées, pas d'acrosticales. Scutellum brun-noir, soies marginales nombreuses, mélangées de longues et de courtes. Médiotergite brun. Sclérites pleuraux bruns, luisants, sauf le métépisterne, roux.

Ailes jaunes tachées de brun (très voisines de celles de *M. renalifera, cf.* fig. 7) : apex légèrement bruni de R4 à la marge postérieure ; une tache plus forte s'étendant de l'apex de R1 à M4, couvrant l'extrême base de la fourche médiane mais non l'apex de la cellule basale ; une faible tache à la base de Rs. Membrane alaire dépourvue de macrotriches. Costale dépassant R5 sur un peu plus de la moitié de l'intervalle R5-M1. Sous-costale se terminant un peu après la base de Rs, pourvue de quelques macrochètes apicaux. R1 épaissie à l'extrême apex. R4 petite, éloignée de R1 par un peu plus de sa propre longueur. Fusion radiomédiane très courte. Base de M visible dans la cellule basale. Anale dénudée, prolongée jusqu'à la marge. Balanciers brisés (le fragment de pédicelle subsistant brunâtre).

Pattes : hanches rousses, le reste jaune, les tibias et les tarses assombris par la ciliation. Éperons jaunâtres, relativement bien développés. Protarse I bien plus court que le tibia (3 : 5,3).

Abdomen : tergites I-IV bruns, largement jaunis latéralement, les suivants brun-noir. Sternites I-IV jaunâtres, les suivants brun-noir.

Hypopyge (fig. 4) brun-noir. Gonostyles simples, les deux dents apicales en position subdorsale.

Matériel-type : holotype mâle : Col de Mouirance (*sic* = Mouirange), 2.II.1963, piège de Malaise (C. YOSHIMOTO & N. KRAUSS). BPBM.

Localité-type : Col de Mouirange.

Discussion : cette espèce dont la coloration alaire est particulière ne peut pour le moment être rapprochée d'aucune autre espèce australasienne à ailes dépouvues de macrotriches sur la membrane, excepté la suivante.

Macrocera renalifera n. sp.

Description : (holotype femelle). — Longueur de l'aile et des antennes : 3,5 mm. Tête : cérébral et occiput jaune sombre, calus ocellaires brunis. Antennes, jaunes, le scape, le pédicelle, le premier flagellomère et la base du deuxième plus clairs ; flagellomères basaux cylindriques, non épaissis. Face, pièces buccales et palpe jaunes.

Thorax : scutum jaune, plus clair latéralement et en avant, délimitant ainsi trois bandes longitudinales jaunes, luisantes, peu distinctes. Soies dorsocentrales unisériées, pas d'acrosticales. Scutellum jaune sombre, portant quatre paires de macrochètes marginaux. Médiotergite jaune sombre. Pleures jaune luisant.

Hanches et pattes jaunes, les tarses assombris par la ciliation. Éperons jaunes. Protarse I nettement plus court que le tibia (3 : 5,1).

Ailes (fig. 7) jaunes tachées de brun : une trace allongée dans la cellule basale, au niveau de Rs ; marge antérieure brunie entre la costale, R4 + 5 et R5, depuis un peu après l'extrémité de Sc jusqu'à l'apex, cette zone prolongée en arrière jusqu'à la fusion radiomédiane, un peu au-dessous du pétiole de la fourche médiane, et la base de celle-ci ; de plus, tout le quart apical de l'aile enfumé. Membrane alaire dépourvue de macrotriches. Costale dépassant R5 sur un peu plus du tiers de l'intervalle R5-M1. Sc courte, se terminant bien avant l'apex de la cellule basale, mais après Rs ; sc2 peu distincte, proche de h. R4 longue, oblique, son apex proche de celui de R1, cette dernière non épaissie à l'apex. Fusion radiomédiane très courte, presque punctiforme. Anale complète, portant quelques macrochètes apicaux. Balanciers jaune blanchâtre.

Abdomen : tergites I-V brun-roux à bande apicale jaune, plus ou moins distincte selon l'angle d'incidence, les suivants bruns. Sternites I-V jaunes, les suivants bruns.

Oviposeur (fig. 5) brun. Deuxième article des cerques réniforme, courtement pédonculé.

Paratype femelle semblable à l'holotype, mais abdomen plus vivement coloré, les tergites I-V luisants, à bandes brunes et jaunes très distinctes (oviposeur : cerques 2 brisés).

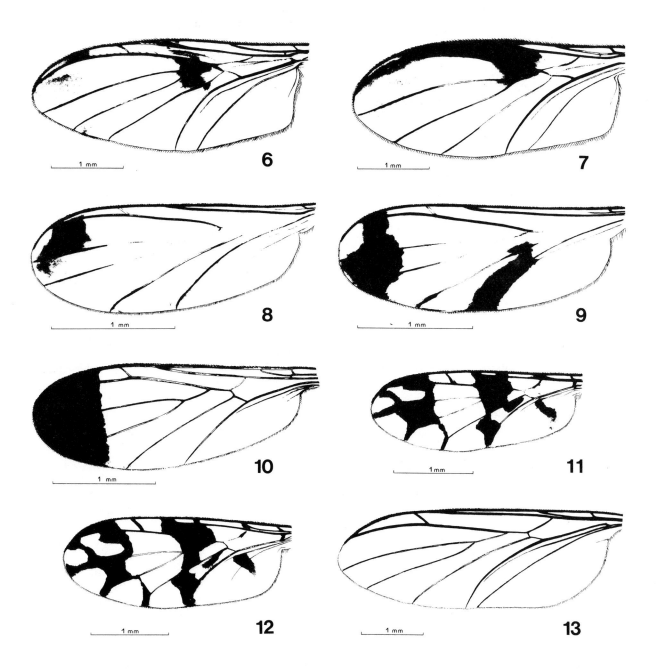

Fig. 6-13. — Ailes, holotypes (sauf 13 : allotype). 6 : *Macrocera unicincta* n. sp. ; 7 : *M. renalifera* n. sp. ; 8 : *Dimorphelia stirpicola* n. sp. ; 9 : *D. tergata* n. sp. ; 10 : *Lutarpyella tibialis* n. gen. n. sp. ; 11 : *Proceroplatus priapus* n. sp. ; 12 : *P. scalprifera* n. sp. ; 13 : *Rhynchorfelia rufa* n. gen. n. sp.

Matériel-type : holotype femelle : Col de la Ouinné, 166°27'54" E, 22°01'18" S, 850 m, forêt humide, piège de Malaise, 24.XI.1984 (S. TILLIER & Ph. BOUCHET). Paratype femelle : Vallée de la Ouinné, 186°28'58" E, 22°02'23" S, 730 m, forêt humide à Araucarias, piège de Malaise, 27-30.X.1984 (S. TILLIER & Ph. BOUCHET). MNHN.

Localité-type : Col de la Ouinné, 850 m.

Discussion : cette espèce est manifestement très proche de la précédente, dont elle diffère cependant par les antennes longues et filiformes, non épaissies à la base, le scutum et les sclérites pleuraux jaunes au lieu de bruns, les scutellaires marginales moins nombreuses, la nervure R1 non épaissie à l'apex, etc.

KEROPLATINAE *ORFELIINI*

Genre Dimorphelia n. gen.

Diagnose : Mâle-femelle. — Tête (fig. 14-15), y compris les pièces buccales, plus haute que large. Occiput cilié, les soies dorsales plus longues. Trois ocelles, les externes bien plus grands que le médian, éloignés de la marge oculaire par environ leur plus grand diamètre ; chaque ocelle sur un calus distinct. Front large, quadrangulaire, non encoché au niveau de l'insertion des antennes ; calus frontal fort, prolongé au-dessous de l'insertion des antennes et portant de nombreux microchètes. Antennes mâles nettement plus longues que la tête et le thorax ensemble, de 14 flagellomères. Chez la femelle (fig. 16), antennes plus courtes, n'atteignant pas la longueur du thorax, et ne comptant que 12 flagellomères. Scape cylindrique, pédicelle peu dilaté en entonnoir, premier flagellomère pédonculé, bien plus long que large, flagellomères suivants au moins deux fois plus longs que larges chez le mâle, un peu plus longs que larges chez la femelle ; dernier flagellomère bien plus long que les précédents, dépourvu d'apicule terminal. Des macrochètes courts et dispersés, sauf à la face externe. Face réduite, transverse, très peu sclérifiée, dénudée. Clypéus large et allongé, dépassant nettement le bord ventral des yeux, portant des soies courtes. Labre également allongé, aussi long que le clypéus. Mentum de longueur correspondante. Labelles distinctement biarticulés, fortement sclérifiés. Ensemble de la trompe, en extension (à partir du bord ventral des yeux), dépassant légèrement la moitié de la hauteur des yeux. Palpes longs, insérés basalement, de 1 + 4 articles ; palpomères 1-2 un peu plus longs que larges, le 2 portant une crypte sensorielle externe

bien délimitée ; palpomère 3 plus long et plus mince que les précédents, dernier palpomère mince, presque aussi long que les trois autres ensemble.

Thorax : prothorax peu développé, réduit à une mince bandelette à la face dorsale ; prosternum peu saillant, dénudé. Scutum peu bombé, portant des macrochètes courts, couchés, uniformément répartis, sur le disque ; de longues soies latérales et préscutellaires dressées. Pas de bandes dénudées distinctes. Scutellum arrondi, large et court, nu sur le centre du disque mais portant une rangée de longues soies prémarginales de même longueur. Médiotergite dépassant en arrière l'apex du scutellum, anguleux, peu oblique. De nombreuses soies médiotergales discales, en position dorsale. Sclérites pleuraux dénudés, sauf l'anépisterne, qui porte quelques petites soies (plus nombreuses chez *D. tergata*). Pas de soies prostigmatiques. Mésépimère moyennement rétréci dans son tiers ventral. Grand axe du latérotergite nettement oblique.

Pattes : hanches I ciliées à la face antérieure, 1-3 longues soies postérieures apicales. Hanches II ciliées sur le tiers apical des faces antérieure et externe, des soies plus rares remontant jusqu'aux deux tiers de cette dernière, sur la ligne médiane (espèce-type). Chez *D. tergata*, hanches II ciliées à la face antérieure seulement, plus quelques cils externes basaux. Hanches III ciliées tout le long du bord postérieur de la face externe. Quelques soies coxales postérieures apicales sur les II, pas de coxales postérieures III. Fémurs portant une large bande dénudée antéroventrale. Microchètes tibiaux disposés en rangées régulières, dont quelques-unes plus serrées, donnant l'apparence de lignes continues, sur les tibias II-III. Pas de

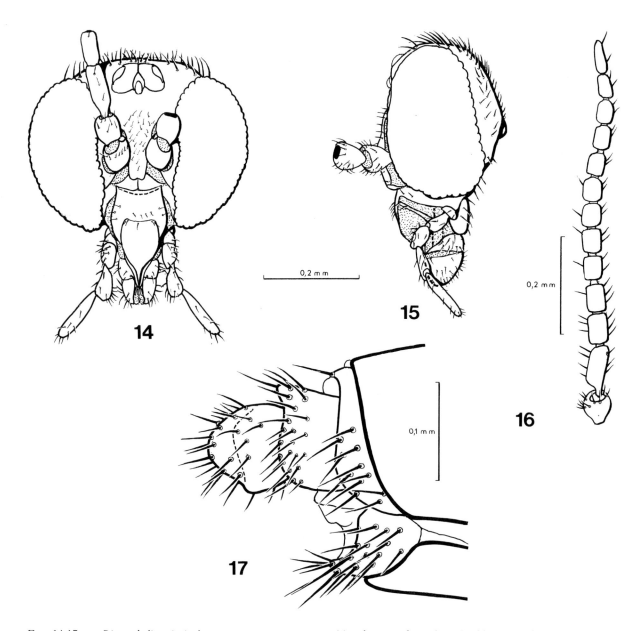

FIG. 14-17. — *Dimorphelia stirpicola* n. gen. n. sp., paratypes. 14 : tête, vue frontale ; 15 : id., vue latérale ; 16 : antenne femelle ; 17 : ovipositeur.

macrochètes tibiaux, sauf quelques postérieurs II-III. Pas d'éperons externes. Éperon I ne dépassant pas la moitié de la largeur apicale du tibia, II un peu plus long que cette largeur, III atteignant ou dépassant le triple. Tibia I avec un peigne apical, II avec un peigne postérieur, III avec le jeu complet de peignes. Tarses normaux, microchètes disposés en rangées régulières dont certaines plus serrées ; des macrochètes ventraux II-III. Griffes courtes et fines, portant une épine basale.

Ailes (fig. 8-9) : angle anal peu marqué ; membrane dépourvue de macrotriches, y compris dans l'angle anal. Costale longue, atteignant l'apex de l'aile, dépassant R5 sur les deux tiers de l'intervalle R5-M1 (espèce-type) ou un peu moins

(*D. tergata*). Sc courte, se terminant un peu avant le niveau de la base de Rs, sc2 absente. R1 courte, n'atteignant pas le milieu de l'aile chez l'espèce-type, le dépassant légèrement chez *D. tergata*. R4 présente, courte, oblique, se jetant sur la costale un peu avant le milieu de l'intervalle R1-R5. Fusion radiomédiane bien plus courte que le pétiole de la fourche médiane, environ double de la longueur de R4. Cellule basale plus ou moins affaiblie à l'apex, en particulier la base de Rs ; pas de trace de la base de M. M4 et Cu1b brusquement courbées à l'apex. Anale fine, à peine sclérifiée, se terminant avant la marge alaire.

Ciliation, face dorsale : C, R1, R4 + 5 et R5, le reste nu. Face ventrale : toutes les nervures nues sauf la costale.

Abdomen large, cylindrique aplati, plus large chez la femelle. Mâle : segment VIII court, entièrement dissimulé sous le VII. Femelle : sept segments visibles avant l'oviscapte.

Genitalia mâles (fig. 18-23) de type rotatoire. — Tergite IX (fig. 18, 22) grand, portant dorsalement de longues soies dispersées ; atteignant près du double de la longueur du synsclérite gonocoxal. Chez l'espèce-type, de forme quadrangulaire (fig. 18). Chez *D. tergata*, le tergite est encore plus grand ; dorsalement, il recouvre entièrement le synsclérite gonocoxal et les gonostyles, dont seul dépasse l'apicule dorsal, et déborde aussi au-dessus de leur face latérale ; profondément échancré à l'apex et très fortement sclérifié en arceau à la base (fig. 22). Cerques courts, très larges chez *D. tergata*, plus ou moins repliés sous la marge apicale du tergite IX, couverts de soies serrées, courtes et fortes, formant ainsi deux brosses (fig. 20). Hypoprocte petit, entièrement dissimulé sous le tergite, bien sclérifié, portant une rangée transverse plus ou moins régulière de soies courtes.

Sternite IX réduit à un mince arceau à la base du synsclérite gonocoxal. Face dorsale de ce dernier réduite à une étroite baguette ciliée à la base des gonostyles chez l'espèce-type, un peu plus développée chez *D. tergata*. Face ventrale : gonocoxopodites entièrement séparés par un espace membraneux étroit (en Y renversé chez *D. tergata*), portant à l'apex, de part et d'autre de l'échancrure, un bouquet de soies plus fortes (fig. 19, 23). Gonostyles à insertion dorsolatérale, simples, portant une dent sclérifiée dorsale (fig. 21), marge interne et apex hérissés de fortes

soies noires. Phallosome court, bien sclérifié en lame dorsale et en bras latéraux, le reste membraneux chez *D. stirpicola*, mais apex de la face ventrale sclérifié chez *D. tergata*.

Genitalia femelles (fig. 17). — Tergite VIII en large bandelette dorsale bien sclérifiée, télescopée dans le segment VII, seule la marge en dépassant dans les spécimens traités à la potasse. Sternite VIII entièrement séparé en deux ventralement, formant ainsi deux plaques rectangulaires à angles arrondis, étroitement rebordées à la marge apicale, plus largement à l'angle postéro-interne. Tergite IX membraneux. Sternite IX réduit à deux petits latérosternites situés entre les tergites VIII et X. Tergite X grand, bien sclérifié, en étrier cilié dorsalement. Cerques courts, uni-articulés, membraneux à la face interne. Plaque postgénitale bien sclérifiée, ciliée ventralement, longue et étroite chez l'espèce-type, plus large et triangulaire chez *D. tergata*. Le reste de l'oviscapte membraneux, sauf les valves hypogyniales, faiblement sclérifiées.

Espèce-type : *Dimorphelia stirpicola* n. sp.
Derivatio nominis : contraction de διμορφοσ, à deux formes, et d'*Orfelia*, genre-type de la tribu des *Orfeliini* ; allusion au dimorphisme sexuel des antennes. Genre : féminin.

Je n'ai pu découvrir chez les *Orfeliini* le taxon-frère de ce genre aux genitalia mâles très particuliers et aux antennes femelles réduites.

Dimorphelia stirpicola n. sp.

Description : (holotype mâle). — Longueur de l'aile : 2,4 mm. Tête : occiput et front roux, calus ocellaire brun-noir. Antennes : scape, pédicelle et base du premier flagellomère jaune roussâtre, le reste brun. Face et trompe brunâtres, palpes jaunes.

Thorax : prothorax jaune. Scutum brun clair, portant deux bandes longitudinales dorsocentrales d'un brun plus sombre, peu distinctes, et deux autres, latérales, plus larges et plus sombres, mais plus courtes. Scutellum brun clair, médiotergite brun-noir sur le disque, brun clair latéralement. Sclérites pleuraux roux sombre, le mésépisterne bruni, le métépisterne jaune-roux.

Pattes : hanches roux orangé, le reste jaune, les tibias étroitement brunis à l'apex, les tarses

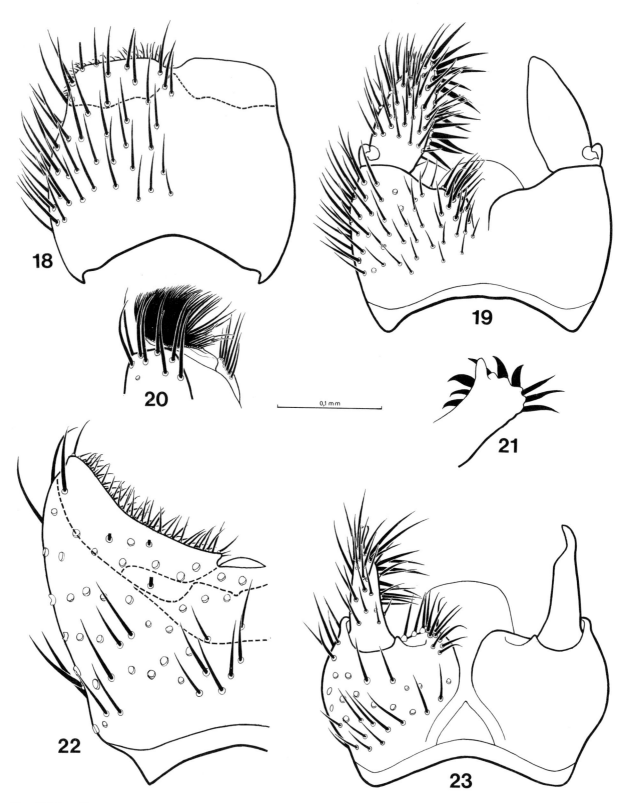

FIG. 18-23. — Hypopyge mâle des *Dimorphelia*. 18 : *D. stirpicola*, holotype, tergite IX, face dorsale (l'emplacement des cerques est marqué par le tireté) ; 19 : id., synsclérite gonocoxal et gonostyles, face ventrale ; 20 : id., apex du tergite IX, vue latérale (paratype) ; 21 : id., apex du gonostyle, vue latérale ; 22 : *D. tergata*, holotype, tergite IX, moitié droite de la face dorsale (l'emplacement des cerques est marqué par le tireté) ; 23 : id., synsclérite gonocoxal et gonostyles, face ventrale.

assombris par la ciliation. Éperons noirs. Protarse I un peu plus court que le tibia (3,2 : 4).

Ailes (fig. 8) jaunes tachées de brun : environ le quart apical brun, avec une étroite marge jaune le long de l'apex, entre R5 et M1, apex de M4 enfumé, de même que Cu1b presque jusqu'à la base de la cellule basale. Balanciers jaunes.

Abdomen : tergites roux, le premier étroitement bruni à l'apex ; sternites jaunes. Hypopyge (fig. 18-21) brun-noir.

Allotype femelle semblable à l'holotype, mais antennes plus courtes, de 12 flagellomères seulement. Scutum brun-roux, indistinctement divisé en trois bandes longitudinales par deux minces lignes plus claires ; capitule du balancier roux. Abdomen : tergite I brun clair, II jaune brunâtre, III jaune brunâtre avec une bande jaune indécise, IV-VI jaunes, VII jaune brunâtre. Sternites uniformément jaunes. Oviposteur jaune brunâtre.

Variations. — La couleur scutale va du roux clair au brun, au brun-noir chez certaines femelles. Les balanciers sont jaunes ou roux, de même que les hanches. L'abdomen femelle est plus ou moins distinctement annelé.

Matériel-type : holotype mâle et allotype femelle : Nouméa, 13.VII.[1940], km 7, « in cop. on niouli » [FXW.]. Paratypes : Nouméa, 13. VII.1940, « in cop. on *Melaleuca* trunk », 4 ♂ (1 sans abdomen), 5 ♀ (id. ; probablement même localité que l'holotype et l'allotype) ; Nouméa, 25.VIII.1940, 2 ♂, 3 ♀ (id.). Holotype, allotype, et 9 paratypes au BPBM ; 5 paratypes (3 ♂, 2 ♀) au MNHN.

Localité-type : Nouméa.

Dimorphelia tergata n. sp.

Description : (holotype mâle). — Longueur de l'aile : 2,5 mm. Tête : occiput et front bruns, calus ocellaire noir. Antennes : scape, pédicelle et base du premier flagellomère jaunes, le reste brun. Flagellomères un peu plus longs que chez l'espèce-type. Face et trompe brunâtres, palpes jaune pâle.

Thorax : prothorax jaune dorsalement, brun ventralement. Scutum portant trois bandes longitudinales cohérentes, jaune brunâtre, bordées de brun sombre, la bande médiane en outre divisée en deux par une ligne brune sagittale. Scutellum

et médiotergite bruns. Sclérites pleuraux bruns, le mésépimère plus clair, le métépisterne jaune. Soies anépisternales plus nombreuses que chez l'espèce-type.

Pattes jaunes, le fémur I fortement bruni sur le tiers basal, les tibias étroitement brunis à l'apex, les tarses assombris par la ciliation. Protarse I presque aussi long que le tibia (4,4 : 4,7).

Ailes (fig. 9) comme chez *D. stirpicola*, mais la zone apicale blanche plus développée et la tache sur Cu1b plus prononcée, plus large, débordant basalement sur M4. Balanciers jaunes.

Abdomen : tergites I-II brun clair, le premier plus fortement bruni à l'apex ; III-VI jaunes, VII brun. Sternites jaunes, le VII un peu plus sombre. Hypopyge (fig. 22-23) brun.

Allotype femelle semblable à l'allotype, mais antennes courtes, de 12 flagellomères. Abdomen : tergites et sternites bruns, les tergites III-VI portant une bande basale jaune. Oviposteur brun.

Matériel-type : holotype et allotype : Mont Kaala, 164°23′26″ E, 25°38′18″ S, maquis sur pente sud, 500 m, piège de Malaise, 24.IX-8.X.1986 (L. O. Brun, J. Chazeau & A. & S. Tillier). MNHN.

Localité-type : Mont Kaala, 500 m.

Genre **Lutarpyella** n. gen.

Je propose ce genre pour une espèce qui présente d'étroites affinités avec *Lutarpya fulva* Skuse, mais en diffère cependant par de nombreux caractères.

Diagnose : Mâle. — Tête (fig. 24) plus large que haute. Occiput portant de courtes soies noires. Trois ocelles, les externes bien plus grands que le médian, éloignés de la marge oculaire par un peu plus de leur plus grand diamètre ; chaque ocelle sur un calus distinct. Front large, quadrangulaire, non encoché au niveau de l'insertion des antennes, dénudé. Antennes courtes, à peine plus longues que la largeur de la tête ; flagelle de 14 articles. Scape en cylindre court, pédicelle dilaté en entonnoir. Premier flagellomère pédonculé, un peu plus long que large, flagellomères suivants plus larges que longs, le dernier arrondi à l'apex, sans

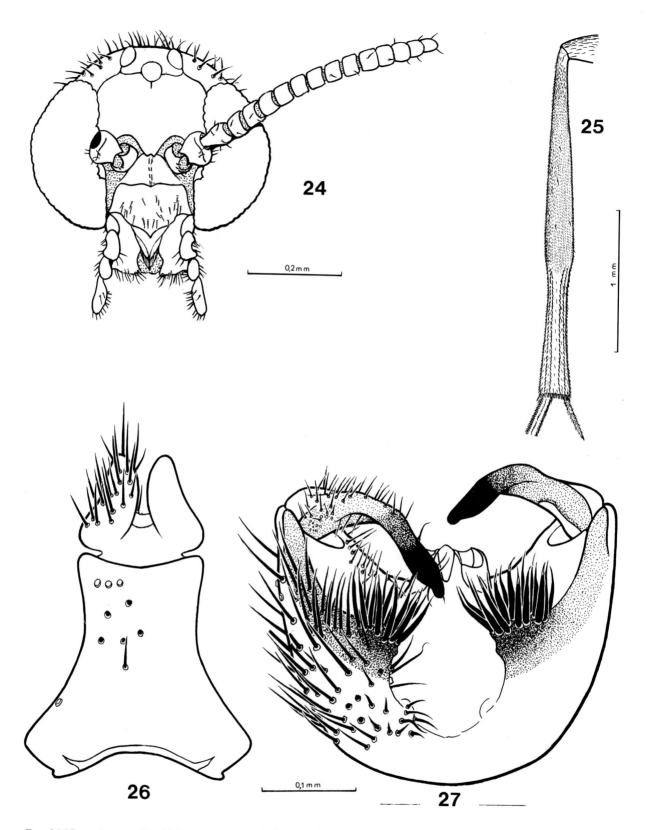

Fig. 24-27. — *Lutarpyella tibialis* n. gen. n. sp., holotype mâle. 24 : tête, vue frontale ; 25 : tibia III ; 26 : tergite IX, face dorsale ; 27 : synsclérite gonocoxal et gonostyles, face ventrale.

apicule terminal. Des macrochètes courts et dispersés, sauf à la face externe. Face courte, transverse, dénudée ; clypéus à soies courtes. Trompe courte, mais dépassant largement le bord ventral des yeux, labelles uniarticulés. Palpes courts, de 1 + 4 articles ; palpomère 1 petit, 2 plus long que large, portant une crypte sensorielle externe bien délimitée, 3 monoliforme, 4 allongé, fusiforme, mais non pendant.

Thorax : prothorax peu développé, réduit à une mince bandelette à la face dorsale ; prosternum peu saillant, dénudé. Scutum aplati, portant des macrochètes courts, surtout sur le disque, ceux-ci laissant de chaque côté deux larges bandes dénudées, acrosticale et dorsocentrale. Soies acrosticales irrégulièrement bisériées, sauf en avant, où elles sont plus nombreuses et disposées en triangle. Scutellum semi-circulaire, le disque nu, mais la marge portant une rangée de nombreuses soies marginales de même longueur. Médiotergite dépassant l'apex du scutellum en arrière, mais peu oblique et anguleux ; pas de soies médiotergales, ni de scabellaires. Sclérites pleuraux tous dénudés, sauf l'anépisterne, dont presque toute la surface est couverte de soies courtes. Pas de soies prostigmatiques. Mésépimère fortement rétréci dans son tiers ventral. Grand axe du latérotergite nettement oblique.

Pattes : hanches I ciliées à la face antérieure, quelques soies postérieures externes apicales. Hanches II ciliées sur le tiers apical de la face antéro-externe, des soies plus rares remontant jusqu'à la moitié de cette face, sur la ligne médiane. Hanches III avec quelques soies externes apicales et préapicales. Pas de soies coxales postérieures II-III. Fémurs à soies couchées, une vaste zone ventrale dénudée. Tibias I et II normaux, les microchètes disposés en rangées régulières toutes semblables. Tibias III fortement dilatés avant le tiers apical, et jusqu'à ce niveau portant des microchètes très serrés, irrégulièrement disposés (fig. 25) ; tiers apical portant des rangées régulières, certaines formées de microchètes plus serrés et plus épais formant comme des lignes continues. Éperons 1 : 1 : 1, l'antérieur pas plus long que la largeur apicale des tibias, le médian environ 1, 5 fois cette largeur, le postérieur un peu moins du double. Tibias I sans macrochètes, II avec quelques postérieurs, III avec quelques antérieurs et antéro-ventraux, ainsi que des

postérieurs plus nombreux. Tibia I sans peigne apical ni zone sensorielle distincte ; tibia II avec un peigne postérieur, III avec un antérieur et un postérieur. Tarse normaux, microchètes disposés en rangées régulières, des macrochètes ventraux aux II et III. Griffes longues et minces portant deux longues dents fines, l'une basale l'autre préapicale.

Ailes (fig. 10) : angle anal peu marqué ; membrane dépourvue de macrotriches, y compris dans l'angle anal. Costale longue, atteignant l'apex de l'aile, dépassant R5 sur la moitié de l'intervalle R5-M1. Sc courte, se terminant bien avant le niveau de la base de Rs, brièvement effacée à l'apex, avant la costale ; Sc2 faible, proche de h. R1 longue, dépassant le milieu de l'aile, faiblement, mais distinctement épaissie à l'apex. R4 présente, oblique, éloignée de l'apex de R1. Fusion radiomédiane plus courte que le pétiole de la fourche, un peu plus longue que R4. Cellule basale non divisée en deux par la base de la médiane. Nervures basses subrectilignes. Cu2 courte, n'atteignant pas le niveau de l'apex de la cellule basale. Anale réduite à une faible trace basale.

Ciliation, face dorsale : C, R1, apex de frm, R4 + 5 et R5, le reste nu. Face ventrale : toutes les nervures dénudées sauf la costale.

Abdomen large, cylindrique aplati. Segment VIII court, presque entièrement dissimulé sous le VII.

Genitalia. — Tergite IX (fig. 26) allongé, peu cilié, large à la base et rétréci à l'apex, à ce niveau découvrant largement la face dorsale des tubes gonocoxaux. Cerques et hypoprocte petits, mais bien sclérifiés, Sternite IX fusionné à la base des gonocoxopodites, où il forme une crête étroite. Gonocoxopodites (fig. 27) formant un tube court autour de la base des gonostyles. Fortement dilatés latéro-ventralement, fusionnés à la base de la face ventrale, mais moins sclérifiés à ce niveau ; bords de l'échancrure formant deux lobes fortement sclérifiés et portant chacun un bouquet de fortes soies noires. Gonostyles à insertion latérale, recourbés ventralement vers la base du synsclérite gonocoxal, fortement sclérifiés à l'apex. Phallosome court et peu sclérifié.

Espèce-type : *Lutarpyella tibialis* n. sp.

Derivatio nominis : combinaison arbitraire de lettres basée sur *Lutarpya* Edwards, groupe-frère de *Lutarpyella*, et lui-même anagramme de *Platyura*. Genre : féminin.

Discussion : Ce genre présente de toute évidence d'étroites affinités avec *Lutarpya* Edwards (décrit comme sous-genre de *Platyura* = *Orfelia*), et en particulier par la forte apomorphie de la dilatation des tibias postérieurs chez le mâle (comme l'avait prédit EDWARDS, il s'agit bien, dans le cas de *Lutarpya*, d'un caractère sexuel secondaire, car j'ai pu examiner la femelle de l'espèce-type, chez laquelle les tibias III sont normaux ; c'est sans doute vrai aussi pour *Lutarpyella*). Ce caractère est unique chez les *Orfeliini*, mais un état de caractère comparable existe chez les *Keroplatini* des genres *Ctenoceridion* MATILE et *Heteropterna* SKUSE. Cependant, dans ce cas, la dilatation n'est pas liée au sexe et est apicale au lieu de médiane. La brusque transformation des rangées régulières de microchètes tibiaux en plage plus serrée et irrégulière évoque les *Orfeliini* du genre *Nicholsonomyia* TONNOIR, où la zone intéressée est apicale, mais ce genre est vraisemblablement plus étroitement allié avec *Tamborinea* MATILE (*cf.* MATILE, 1981, 1986 b). *Lutarpyella* partage aussi avec *Lutarpya* la forme des gonostyles, fortement rétrécis et sclérifiés, état de caractère également apomorphe. Citons encore l'épaississement apical de la nervure R1 (qui est toutefois moins prononcé chez *Lutarpya*), qui n'existe ailleurs, chez les Keroplatidae, que dans certaines espèces de *Macrocera*, et les griffes mâles allongées et bispinulées.

Parmi les nombreux caractères de différenciation entre les deux genres, les plus significatifs sont sans doute la dénudation du prosternum et des latérotergites, la présence de bandes acrosticales et dorsocentrales nues, la perte des éperons externes II-III et des soies coxales postérieures, la forte réduction de la nervure anale, la présence d'épaisses soies gonocoxales, tous ces états représentant des apomorphies de *Lutarpyella*. *Lutarpya* est dans l'ensemble plus plésiomorphe ; ses autapomorphies (dans le cadre du couple formé par les deux genres) sont représentées par la présence d'un apicule antennaire, la fusion quasi totale des gonocoxopodites, ventralement, et leur ouverture dorsale, ce qui provoque la réduction des tubes gonocoxaux à une mince bandelette entourant la base des gonostyles. La présence des languettes saillantes de la face ventrale du phallosome représente également une apomorphie.

En dehors des apomorphies énumérées ci-dessus, *Lutarpyella* se distinguera de tous les autres *Orfeliini* par la combinaison suivante de caractères :

Antennes courtes, simples, flagelle de 14 articles ; trompe et palpes normaux ; base de M absente ; pas de soies prostigmatiques, prosternales, médiotergales ou latérotergales ; scutum avec des bandes dénudées acrosticales et dorsocentrales ; R4 présente, éloignée de l'apex de R1 ; nervures basses dénudées ; anale très réduite ; microchètes tibiaux en rangées régulières, éperons externes absents.

Dans la clé donnée par Edwards (1929) des « sous-genres » d'*Orfelia*, *Lutarpyella* se place à côté de *Micrapemon* EDWARDS, dont il diffère notamment par l'anépisterne largement cilié et surtout la terminaison de R1, qui se fait sur la radiale chez *Micrapemon* ; les genitalia mâles des deux genres sont très différents.

Lutarpyella tibialis n. sp.

Description : (holotype mâle). — Longueur de l'aile : 3 mm. Tête brune, calus ocellaire noir, face brun-noir. Antennes uniformément brunes. Trompe jaune. Palpes : palpomère 1 et base du 2 jaunes, le reste brun.

Thorax : prothorax brun sauf la bandelette dorsale, jaune. Scutum, scutellum et médiotergite jaune sombre, le scutum indistinctement bruni en avant. Sclérites pleuraux jaune sombre, sauf l'anépisterne, presque entièrement brun-noir.

Pattes : hanches I jaune sombre, faiblement luisantes. Hanches II-III d'un roux luisant, brunies à l'apex. Fémurs I roux, II-III jaunes brunâtre, l'apex plus clair. Tibias et tarses jaunes. Protarse I un peu plus court que le tibia (3 : 3,4).

Ailes jaunes à nervures jaunes, mais tout le cinquième apical fortement bruni, y compris les nervures. R4 se terminant au tiers de l'intervalle R1-R5. Rapport fusion radiomédiane/pétiole de la fourche = 1 : 1,2. Balanciers roux.

Abdomen : tergites I-II jaunes, III jaune avec une étroite bande basale brune, IV brun, jauni à l'apex, plus largement sur les côtés, V brun avec une·étroite bande apicale jaune, VI-VIII bruns.

Sternites I roux sombre, II-IV jaunes à bande basale brune, sternites suivant bruns.

Hypopyge brun, la marge latérale et les lobes ventraux du synsclérite gonocoxal fortement brunis, de même que les gonostyles.

Variations : les deux autres exemplaires connus diffèrent de l'holotype par l'occiput roux, ainsi que le scape et le pédicelle de l'antenne ; l'anépisterne est moins fortement bruni, les hanches II et III sont roux sombre.

Matériel-type : holotype mâle : Col d'Amieu, 380-470 m, 29.XI.1983, fauchage de végétation basse (L. MATILE) ; MNHN. Un paratype mâle (pattes brisées à partir des fémurs) et un exemplaire sans abdomen (pattes brisées à partir des hanches) : sur les hauteurs entre Thio et Nakety, 12.XI.1958 (C. R. JOYCE) ; ces deux spécimens au BPBM.

Localité-type : Col d'Amieu, 380-470 m.

Genre Neoplatyura MALLOCH

Neoplatyura MALLOCH, 1928 : 601. Espèce-type : *Platyura setiger* JOHANNSEN (dés. orig.).

Ce genre cosmopolite renferme une douzaine d'espèces australasiennes connues et quelquesunes inédites. EDWARDS (1929) a montré que les *Neoplatyura* pouvaient se répartir en plusieurs groupes d'espèces, selon la structure des genitalia mâles, et il est bien probable que ce genre soit polyphylétique.

Le matériel récolté en Nouvelle-Calédonie peut en tout cas se classer en trois groupes d'espèces distincts, qui ne semblent pas étroitement apparentés entre eux. Huit espèces différentes ont été reconnues, dont cinq appartiennent à un seul de ces groupes. Sauf pour *N. costalis*, *N. annieae* et *N. boucheti*, facilement reconnaissables, je n'ai pas tenté d'apparier les femelles, dont certaines, d'ailleurs, semblent se rapporter à d'autres espèces que celles décrites ici.

Neoplatyura boucheti n. sp.

Description : (holotype mâle). — Longueur de l'aile : 4 mm. Tête : occiput jaune, calus ocellaire

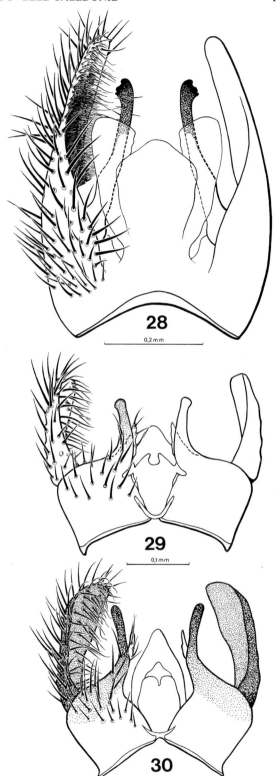

FIG. 28-30. — Hypopyge mâle des *Neoplatyura*, holotypes, face ventrale. 28 : *N. boucheti* n. sp. ; 29 : *N. costalis* n. sp. ; 30 : *N. annieae* n. sp.

noir, l'ocelle médian atteignant environ la moitié du diamètre des ocelles externes. Antennes jaune sombre, sauf le scape, le pédicelle et la base du premier flagellomère, plus pâles ; dernier flagellomère avec un petit apicule, distinct. Face et trompe jaunes, palpes jaune sombre.

Thorax : scutum uniformément jaune ; soies dorsocentrales séparées des acrosticales par de larges bandes nues, ainsi que des latérales, sauf au niveau des calus huméraux. Scutellum et médiotergite jaunes, pleures jaune pâle, tous les sclérites nus.

Hanches et pattes jaunes, tarses à peine assombris par la ciliation. Éperons noirs, les externes II-III pas plus longs que la largeur apicale des tibias. Protarse I plus court que le tibia (4 : 5,8). Zone sensorielle du tibia I large, rousse.

Ailes jaunes, légèrement tachées sous l'apex de R4 et en arrière de celui de Cu1b. De longs macrotriches courbes, dressés, dans la région postérieure de la membrane, jusque dans la cellule médiane antérieure. Costale dépassant R5 sur un peu plus de la moitié de l'intervalle R5-M1. Sous-costale très courte, se terminant à peu près au niveau du milieu de la cellule basale. R4 courte, éloignée de l'apex de R1 par environ trois fois sa longueur. Fusion radiomédiane un peu plus courte que R4. M1 et M2 convergentes à l'apex. M4 courbée à l'apex, Cu1b plus fortement. Anale n'atteignant pas la marge de l'aile. Balanciers jaunes, la base du pédicelle plus pâle.

Abdomen jaune, les tergites II-VIII avec de larges bandes brunes de plus en plus sombres vers l'apex ; sternites entièrement jaunes. Tergites III-V portant de chaque côté une zone ovale à soies plus petites et plus serrées.

Hypopyge (fig. 28) jaune. Tergite IX réduit à une bandelette à peine sclérifiée. Gonocoxopodites réunis seulement à la base, où le sternite IX persiste sous forme de crête sclérifiée et colorée. Marge interne portant des rangées serrées de soies fines et sombres, formant comme une longue brosse. Gonostyles à insertion sub-basale, minces, fortement sclérifiés, noircis à l'apex, plus courts que les processus gonocoxaux. Phallosome trilobé, saillant fortement entre les deux moitiés du synsclérite gonocoxal, couvert d'une fine pilosité (non représentée sur la figure).

Allotype et paratypes femelles semblables au mâle, mais courbure des nervures M4 et Cu1b moins prononcée, et macrotriches de la membrane alaire rares et de taille normale.

Variations : les taches alaires sont plus ou moins distinctes. Certains paratypes ont le tergite abdominal I brun, portant une étroite bande apicale jaune, et les bandes brunes sont plus nettes. D'autres, au contraire, ont le tergite II jaune sombre, avec une mince bande apicale jaune pâle. Le flagelle antennaire et les palpes peuvent être presque entièrement bruns. Il existe aussi de légères variations dans la longueur du corps et celle de la fusion radiomédiane, et dans les proportions des genitalia mâles. Toutes ces variations semblent clinales, mais il n'est pas exclu que nous soyons en présence d'une espèce polytypique, ou d'un groupe d'espèces très voisines.

Matériel-type : holotype mâle, allotype femelle, trois paratypes mâles et un paratype femelle : Sud du Grand Lac (station 235 a), 166°54'00" E, 22°16'31" S, 280 m, maquis haut, piège de Malaise, 14.X.1985 (Ph. BOUCHET). Un paratype ♀ : forêt de la Thy, piège de Malaise, XI.1979 à I.1980 (J. CHAZEAU). Deux paratypes ♀ : id., 18-23.XI.1983 (L. MATILE). Quatre paratypes ♀ : Mont Panié, 360 m, piège de Malaise, 11-16.XII.1983 (L. MATILE). Quatre paratypes ♂ : Vallée de la Coulée, 166°35'38" E, 22°10'52" S, maquis haut sur péridotite, piège de Malaise, bord de rivière, 24.X.1985 (Ph. BOUCHET). Un paratype ♂ : Mont Mou, 200-250 m, fauchage en bord de ruisseau, 11.XI.1983 (L. MATILE). Un paratype ♀ : Pic du Pin, flanc est (station 233), 166°49'45" E, 22°14'07" S, 250 m, forêt humide sur sol minier, piège de Malaise, 12.XI.1984 (A. & S. TILLIER & Ph. BOUCHET). Un paratype ♀ : Col d'Amieu (station 116 a), 165°48'08" E, 21°36'03" S, 430 m, forêt humide, piège de Malaise, 17.X.1984 (S. TILLIER & Ph. BOUCHET). Un paratype ♀ : Forêt plate, NW du Katepouenda, 165°06'42" E, 21°07'36" S, 460 m, forêt humide, piège de Malaise, 21-25.X.1984 (id.). Un paratype ♀ : Mine Galliéni (station 36), 166°20'55" E, 21°54'33" S, 800 m, maquis haut sur péridotite, piège de Malaise, 15.XI.1984 (id.). Un paratype ♀ : Pointe du Cagou, baie de Neumeni (station 213), 166°20'07" E, 21°41'52" S, 30 m, forêt humide sur péridotite, piège de Malaise , 5-8.XI.1984 (id.). Un paratype ♀ : Rivière Bleue, Parc 7, 170 m, forêt humide sur pente, piège de Malaise, 13-28.X.1986 (L. BONNET DE LARBOGNE & J. CHAZEAU). Quatre paratypes ♂ et un ♀ : Rivière Bleue, 166°40'06" E, 22°06'05" S, maquis sur crête, piège de Malaise, 13-28.X.1986 (L. BON-

NET de LARBOGNE, J. CHAZEAU & A. & S. TILLIER) Dix-huit paratypes ♂ et 10 paratypes ♀ : Mont Kaala, 164°23′26″ E, 25°38′18″ S, maquis sur pente sud, 500 m, piège de Malaise, 24.IX-8.X.1986 (L. O. BRUN, J. CHAZEAU & A. & S. TILLIER). Un paratype ♂ : id., station 225, 164°23′23″ E, 20°38′48″ S, 340 m, pente sud, forêt sèche, piège de Malaise, 27.VIII.1986 (J. CHAZEAU & A. & S. TILLIER). Vingt-et-un paratypes ♂ et 3 paratypes ♀ : Rivière Bleue, 166°40′06″ E, 22°06′05″ S, 310 m, maquis sur crête, piège de Malaise, 5-20-I.1987 (L. BONNET de LARBOGNE, J. CHAZEAU & A. & S. TILLIER). Un paratype ♂ : Mont Humboldt, 1 350 m, 20-22.I.1987 (A. & S. Tillier). Holotype, allotype et tous ces paratypes : MNHN.

Autres paratypes : Monts Khogis, piège de Malaise, 27.I.1963, 1 ♂ (C. YOSHIMOTO & N. KRAUSS) ; id. 500 m, 7-8.XII.1963, 1 ♂ (R. STRAATMAN) ; id., I.1969, 400-600 m, 1 ♂ (N. L. H. KRAUSS) ; Thio, 11.XI.1958, piège lumineux, 1 ♂ (C. R. Joyce) ; Nouméa, II.1959, piège de Malaise, 1 ♂ (C. YOSHIMOTO & N. KRAUSS) ; 1 ♂ : id., 20.II.1963 (id.). Ces paratypes : BPBM.

Localité-type : Sud du Grand Lac, 280 m.

Discussion : cette espèce fait sans équivoque partie d'un groupe de *Neoplatyura* reconnu par EDWARDS (1929) et COLLESS (1966), caractérisé par la forte réduction du tergite IX mâle, les gonocoxopodites prolongés en doigt et les gonostyles à insertion sub-basale. A ce groupe appartiennent les espèces paléarctiques *N. flava* (MACQUART), *modesta* (WINNERTZ) et *nigricauda* (STROBL) et la tasmanienne *N. fidelis* (EDWARDS) [**n. comb.** : *Platyura (Neoplatyura) fidelis* EDWARDS, 1929 : 167], ainsi que les quatre espèces décrites de Micronésie par COLLESS (1966) : *N. spinosa* [**n. comb.** : *Orfelia (Neoplatyura) spinosa* COLLESS, 1966 : 644], *palauensis* [**n. comb.** : *Orfelia (Neoplatyura) palauensis* COLLESS, 1966 : 645], *petiolata* [**n. comb.** : *Orfelia (Neoplatyura) petiolata* COLLESS, 1966 : 645] et *digitata* [**n. comb.** : *Orfelia (Neoplatyura) digitata* COLLESS, 1966 : 646].

La forte réduction du tergite IX, la basalisation de l'insertion gonostylaire et le prolongement en doigt des gonocoxopodites représentent trois fortes apomorphies, qui mériteraient probablement que ce groupe d'espèces soit élevé au rang générique. En son sein, les espèces micronésiennes (sauf *N. digitata*), et *N. boucheti*, ainsi que plusieurs espèces inédites du Sulawesi, de Papouasie-Nouvelle-Guinée et du Queensland, forment indubitablement un groupe monophylétique en raison de la présence sur la membrane alaire du mâle de longs macrotriches courbes, M1 et M2 rapprochées à l'apex (mâles et femelles) et la courbure des nervures de la fourche postérieure (plus accentuée chez les mâles). *N. boucheti* représente donc un élément oriento-australasien de la faune néocalédonienne.

Neoplatyura lyraefera n. sp.

Description : (holotype mâle). — Longueur de l'aile : 2,7 mm. Tête : occiput brun-roux, calus ocellaire concolore ; ocelle médian atteignant environ la moitié du diamètre des ocelles externes. Front jaune-roux. Antennes jaune-roux, le dernier flagellomère avec un apicule distinct, arrondi. Face, trompe et palpes jaune pâle.

Thorax : scutum jaune, des traces de trois minces lignes longitudinales grises, peu distinctes, surtout les latérales ; dorsocentrales séparées des acrosticales par deux bandes dénudées distinctes, les bandes entre dorsocentrales et latérales très courtes, limitées à la région préscutellaire. Scutellum et médiotergite jaunes. Sclérites pleuraux jaune pâle, sauf le latérotergite, d'un jaune plus vif. Soies prostigmatiques peu nombreuses, longues et dressées, pas d'antérieures. Tous les sclérites pleuraux nus.

Pattes jaune pâle, les tarses assombris par la ciliation. Éperons noirs, les externes II plus longs que la largeur apicale des tibias, les III subégaux. Protarse I plus court que le tibia correspondant (3 : 4), zone tibiale sensorielle en large palette rousse.

Ailes jaunes, sans taches ; membrane dépourvue de macrochètes en-dehors de quelques uns, courts et droits, dans la cellule anale. Costale dépassant R5 sur un peu plus de la moitié de l'intervalle R5-M1. Sous-costale se terminant un peu avant la base de Rs. R4 courte, subverticale, son apex éloigné de celui de R1 par plus du double de sa propre longueur (5 : 13). Fusion radiomédiane pas plus longue que R4. M2 et M4 interrompues avant la marge de l'aile. M4 et Cu1b peu et régulièrement courbées. Anale très courte, se terminant au niveau de l'apex de Sc. Balanciers jaunes.

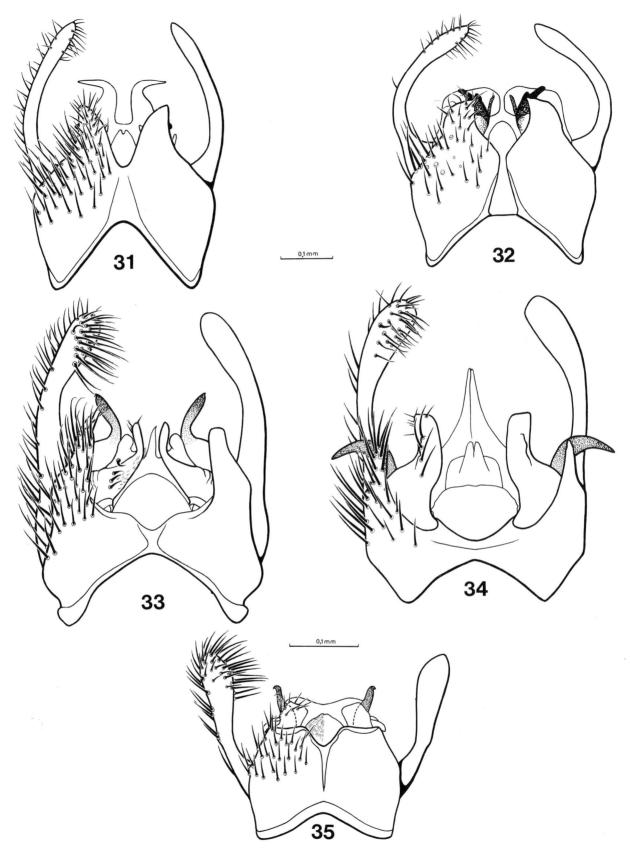

FIG. 31-35. — Hypopyge mâle des *Neoplatyura*, holotypes, face ventrale. 31 : *N. lyraefera* n. sp. ; 32 : *N. tillieri* n. sp. ; 33 : *N. bruni* n. sp. ; 34 : *N. aperta* n. sp. ; 35 : *N. brevitergata* n. sp.

Abdomen : tergite I jaune, légèrement bruni sur le disque ; tergites II-IV jaunes, brunis sur le disque, marge apicale formant une bande jaune ; V-VIII bruns à marge apicale jaune. Tous les sternites jaunes. Pas de zones tergales à microchètes plus serrés.

Hypopyge (fig. 31) jaune. Tergite IX en bandelette prolongée latéralement et ventralement par deux processus minces, à peine dilatés à l'apex, presque aussi longs que le synsclérite gonocoxal (fig. 36). Gonocoxopodites soudés ventralement, mais le synsclérite profondément encoché à la base et à l'apex. Gonostyles très petits, trilobés (fig. 41), presque entièrement dissimulés ventralement par le synsclérite ; lobe externe mince et peu sclérifié, deux petites soies apicales ; lobe médian court et cilié, lobe interne très fortement sclérifié, recourbé en-dehors à l'apex, deux soies apicales. Apex du phallosome peu sclérifié, muni de deux processus apicaux recourbés en-dehors, lui donnant la forme d'une lyre.

Variations : lignes scutales le plus souvent absentes ; zones tergales brunes de l'abdomen parfois réduites sur les tergites II-V, ou au contraire envahissant presque tous les tergites.

Matériel-type : holotype mâle et quatre paratypes mâles : Sud du Grand Lac (station 235 a), 166°54'00" E, 22°16'31" S, 280 m, piège de Malaise, maquis haut, 14.X.1985 (Ph. BOUCHET). Un paratype ♂ : Forêt de la Thi, piège de Malaise, XI.1979-I.1980 (J. CHAZEAU). MNHN.

Localité-type : Sud du Grand Lac, 280 m.

Discussion : par ses genitalia, N. lyraefera appartient indubitablement au groupe formé par les deux espèces australiennes du genre, N. tasmanica [n. comb. : Platyura (Neoplatyura) tasmanica EDWARDS, 1929 : 168] et N. richmondensis [n. comb. : Platyura richmondensis SKUSE, 1890 : 604]. Il est plus proche de cette dernière, connue de Nouvelle-Galles du Sud et du Queensland, par l'apex du phallosome quasi identique, mais N. richmondensis diffère de N. lyraefera et d'autres espèces néo-calédoniennes de son groupe (N. tillieri, aperta) par le tergite IX non en bandelette, les gonostyles moins réduits, la nervure anale plus longue, l'aile tachée au niveau de R4, les bandes scutales dénudées plus développées, etc.

Neoplatyura tillieri n. sp.

Description : (holotype mâle). — Longueur de l'aile : 2,6 mm. Très semblable à l'espèce précédente, en diffère par l'ocelle médian punctiforme, les éperons externes II pas plus long que la largeur apicale des tibias, la sous-costale se terminant au niveau de la base de Rs, la fusion radiomédiane plus courte que R4 ; tergites abdominaux plus étroitement annelés de jaune, surtout les VI-VIII.

Hypopyge (fig. 32) : processus tergaux nettement plus courbés (fig. 37). Gonocoxopodites séparés ventralement, sauf à l'apex, par les restes du sternite IX, l'encoche apicale moins profonde, encadrée par deux processus assombris à l'apex. Gonostyles dépassant ventralement du synsclérite gonocoxal. Lobe externe comme chez N. lyraefera, lobe médian épais, fortement sclérifié, muni d'une forte épine apicale (fig. 42). Apex du phallosome formant deux lobes auriculaires aplatis.

Variations : certains paratypes ont le calus ocellaire distinctement bruni.

Matériel-type : holotype mâle et trois paratypes mâles : Mine Galliéni (station 36), 166°20'55" E, 21°54'33" S, 800 m, maquis haut sur péridotite, piège de Malaise, 15.XI.1984 (S. TILLIER & Ph. BOUCHET). Deux paratypes ♂ : Vallée de la Coulée, 166°35'38" E, 22°10'52" S, maquis haut sur péridotite, bord de rivière, piège de Malaise, 24.X.1985 (Ph. BOUCHET). MNHN.

Localité-type : Mine Galliéni, 800 m.

Neoplatyura aperta n. sp.

Description : (holotype mâle). — Longueur de l'aile : 2,6 mm. Tête : occiput jaune-roux, calus ocellaire indistinctement assombri ; ocelle médian égal à environ la moitié des externes. Front roux. Antennes : scape et pédicelle jaunes, flagelle jaune-roux, le dernier flagellomère avec un apicule petit, mais distinct. Face jaune, pièces buccales et palpes jaune pâle.

Thorax : scutum jaune-roux, sans bandes longitudinales, mais avec une légère pruinosité latérale grise ; bandes dénudées paracrosticales courtes et étroites, bandes entre les dorsocentrales

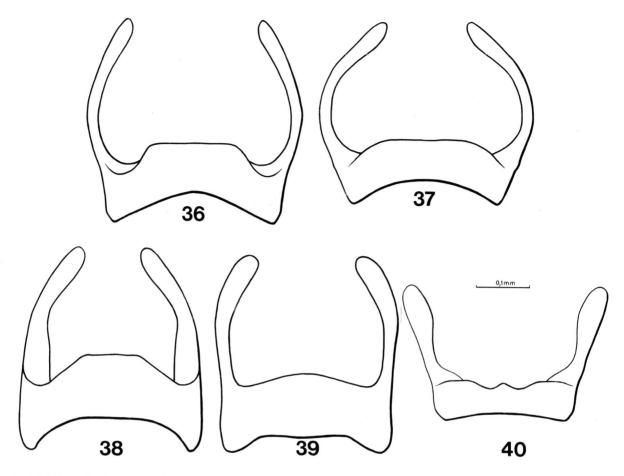

Fig. 36-40. — Tergite IX mâle des *Neoplatyura*, holotypes, face dorsale (ciliation non représentée). 36 : *N. lyraefera* n. sp. ; 37 : *N. tillieri* n. sp. ; 38 : *N. bruni* n. sp. ; 39 : *N. aperta* n. sp. ; 40 : *N. brevitergata* n. sp.

et les latérales réduites à la région préscutellaire. Scutellum et médiotergite jaune-roux. Sclérites pleuraux jaunes-roux, dénudés ; soies prostigmatiques postérieures peu nombreuses et très courtes, pas d'antérieures.

Pattes jaune pâle, tarses assombris par la ciliation. Éperons noirs, les externes II-III aussi longs que la largeur apicale du tibia. Protarse I plus court que le tibia (3 : 4) ; zone sensorielle tibiale en large palette jaune-roux.

Ailes jaunes, sans taches, membrane dépourvue de macrotriches. Costale dépassant R5 sur un peu plus de la moitié de l'intervalle R5-M1. Sous-costale se terminant au-dessus de la base de Rs. R4 courte, oblique, légèrement courbée, son apex éloigné de celui de R1 par le double de sa propre longueur. Fusion radiomédiane très courte, atteignant seulement la moitié de la longueur de R4.

M2 et M4 interrompues avant la marge de l'aile. M4 et Cu1b régulièrement et faiblement courbées, anale très réduite, ne dépassant pas le niveau de la base de Rs. Balanciers jaunes.

Abdomen : tergites I-V brun-roux, les II-V avec chacun une étroite bande apicale brune ; tergites suivants bruns. Sternites I-VI jaunes, les suivants bruns. Pas de zones sensorielles tergales particulières.

Hypopyge (fig. 34) brun jaunâtre, les processus tergaux jaunes. Tergite IX en bandelette prolongée latéralement par deux processus régulièrement élargis et arrondis à l'apex (fig. 39). Gonocoxopodites largement ouverts à l'apex et encochés à la base, reliés ainsi entre eux par un pont étroit. Gonostyles (fig. 44) bilobés, taille non réduite, entièrement visibles ventralement ; lobe externe en faucille recourbée en-dehors, et plus fortement sclérifié, lobe interne large, muni d'une crête ventrale portant quatre macrochètes. Apex du phallosome longuement allongé en pointe double.

Matériel-type : holotype mâle : Sud du Grand Lac (station 235 a), 166°54′00″ E, 22°16′31″ S, 200 m, maquis haut, piège de Malaise, 14.X.1985 (Ph.Bouchet). MNHN.

Localité-type : Sud du Grand Lac, 200 m.

Discussion : cette espèce appartient au groupe précédent par ses processus tergaux, mais en diffère par la forme du synsclérite gonocoxal, largement ouvert et laissant apparaître des gonostyles non réduits. Le lobe interne de ceux-ci semble composé de deux parties accolées, et il est probable qu'il s'agit ici du premier stade d'un morphocline conduisant à un appendice trilobé comme celui de *N. lyraefera* et *tillieri*. L'espèce suivante, d'ailleurs, étroitement apparentée à *N. aperta*, montre une division plus nette qui renforce cette hypothèse.

Neoplatyura bruni n. sp.

Description : (holotype mâle). — Longueur de l'aile : 2,5 mm. Tête : occiput et calus ocellaire noirs ; ocelle médian punctiforme. Front brun-noir. Antennes jaune brunâtre, le dernier flagellomère avec un apicule petit, rond, très distinct. Face brune, pièces buccales et palpes jaunes.

Thorax : scutum roux sombre, portant trois bandes longitudinales brunes occupant la plus grande partie du disque ; bandes dénudées paracrosticales et dorsocentrales larges, les bandes entre soies dorsocentrales et latérales complètes. Scutellum et médiotergite roux. Sclérites pleuraux brun-roux, dénudés ; soies prostigmatiques postérieures peu nombreuses et très courtes, pas d'antérieures.

Pattes jaunes, tarses assombris par la ciliation. Éperons noirs, les externes II aussi longs que la largeur apicale du tibia (les pattes III manquent à partir des hanches). Protarse I plus court que le tibia (3 : 4) ; zone sensorielle tibiale en large palette brune.

Ailes jaunes, légèrement assombries à l'apex ; membrane dépourvue de macrotriches. Costale dépassant R5 sur un peu plus de la moitié de l'intervalle R5-M1. Sous-costale se terminant au-dessus de la base de Rs. R4 courte, oblique, légèrement courbée, son apex éloigné de celui de R1 par un peu plus du double de sa propre longueur. Fusion radiomédiane presque aussi longue que R4. M2 et M4 interrompues avant la marge de l'aile. M4 et Cu1b régulièrement et faiblement courbées, anale courte, ne dépassant pas le niveau de la base de Rs. Balanciers jaunes.

Abdomen : tergites I-IV bruns, les suivants noirs. Sternites I-II jaunes, faiblement brunis à l'apex ; III-VI jaunes, à bandes apicales brunes de plus en plus prononcées, sternites suivants bruns. Pas de zones sensorielles tergales particulières.

Hypopyge (fig. 33-43) : tergite IX très fortement bruni sur le disque, processus latéraux jaunes. Synsclérite gonococoxal brun, le reste jaune plus ou moins bruni.

Matériel-type : holotype mâle : Mont Kaala, 164°23′26″ E, 25°38′18″ S, maquis sur pente sud, 500 m, piège de Malaise, 24.IX-8.X.1986 (L. O. Brun, J. Chazeau & A. & S. Tillier). MNHN.

Localité-type : Mont Kaala, 500 m.

Discussion : comme on l'a dit plus haut, cette espèce est étroitement apparentée à *N. aperta*, dont elle diffère cependant par de nombreux détails, y compris dans la structure des genitalia mâles.

Neoplatyura brevitergata n. sp.

Description : (holotype mâle). — Longueur de l'aile : 2,9 mm. Tête : occiput gris noirâtre, calus ocellaire noir ; ocelle médian punctiforme. Front roux. Antennes : scape, pédicelle et base du premier flagellomère jaune pâle, le reste jaune sombre ; dernier flagellomère avec un gros apicule arrondi. Face jaune sombre, trompe et palpes jaune pâle.

Thorax : scutum jaune, portant trois minces lignes longitudinales grises, peu distinctes ; une bande dénudée nette entre acrosticales et dorsocentrales, zone dénudée entre dorsocentrales et latérales limitée à la région préscutellaire. Scutellum et médiotergite jaunes, pleures jaune pâle, entièrement dénudées.

Pattes jaune pâle, tarses assombris par la

ciliation. Éperons noirs, les externes II-III un peu plus longs que la largeur apicale des tibias. Protarse I plus court que le tibia (3 : 4). Zone sensorielle du tarse I large, rousse.

Ailes jaunes, sans taches. Costale dépassant R5 sur la moitié de l'intervalle R5-M1. Membrane dépourvue de grands macrotriches courbes, quelques soies dressées dans le champ anal. Souscostale se terminant au niveau de la base de Rs. R4 courte, son apex éloigné de celui de R1 par deux fois sa propre longueur. Fusion radiomédiane un peu plus courte que R4. M1 et M2 parallèles à l'apex. M4 régulièrement et peu courbée, interrompue avant la marge. Cu1b régulièrement courbée. Anale très courte, se terminant au niveau de la base de Rs. Balanciers jaune pâle.

Abdomen jaune-roux, les tergites I-V indistinctement plus clairs à la base, les VI-VII brunis à l'apex, le VIII entièrement brun ; sternites jaunes. Pas de zones tergales à soies plus serrées.

Hypopyge (fig. 35) jaune, brun dorsalement. Tergite IX en bandelette transverse, prolongée latéralement par deux processus courts, dilatés, arrondis et ciliés à l'apex (fig. 40), n'atteignant pas la longueur du synsclérite gonocoxal. Gonocoxopodites entièrement soudés ventralement, sauf une petite encoche apicale médiane. Gonostyles très petits, en position apicale, formés de trois lobes (fig. 45) ; lobe externe membraneux, arrondi à l'apex, avec deux petites soies externes, lobe médian fortement sclérifié, portant trois petites soies apicales, lobe interne peu sclérifié mais portant des soies ventrales longues. Apex du phallosome volumineux, en grande partie membraneux.

Variations : les bandes scutales sont parfois plus ou moins effacées ; certains des paratypes ont l'abdomen presque entièrement brun dorsalement.

Matériel-type : holotype mâle et 14 paratypes mâles : Sud du Grand Lac (station 235 a), 166°54'00" E, 22°16'31" S, piège de Malaise, 280 m, maquis haut, 14.X.1985 (Ph. BOUCHET). Sept paratypes ♂ : Col de la Ouinné (station 128 a), 166°27'54" E, 22°01'18" S, 850 m, forêt humide, piège de Malaise, 24.XI.1984 (S. TILLIER & Ph. BOUCHET). MNHN.

Localité-type : Sud du Grand Lac, 280 m.

Discussion : N. brevitergata appartient également au groupe de N. lyraefera, mais se distingue de toutes les espèces précédentes par ses processus tergaux plus courts et plus massifs, et le synsclérite gonocoxal beaucoup moins échancré.

Neoplatyura costalis n. sp.

Description : (holotype mâle). — Longueur de l'aile : 2,9 mm. Tête : occiput jaune-roux, calus ocellaire brun ; ocelle médian atteignant environ la moitié des externes, ceux-ci placés au sommet de la tête, plus éloignés de la marge oculaire que chez les autres espèces. Front jaune-roux. Antennes jaune sombre, le scape, le pédicelle et la base du premier flagellaire plus pâles ; dernier flagellomère avec un très petit apicule. Face, pièces buccales et palpes jaunes.

Thorax : scutum jaune-roux, portant une mince bande médiane grise, plus large en arrière et prolongée sur la base du scutellum ; bandes paracrosticales et paradorsocentrales très nettes sur toute la longueur du scutum. Scutellum et médiotergite jaune-roux. Sclérites pleuraux jaunes, luisants, plus sombres en avant, dénudés. Quelques soies prostigmatiques postérieures longues et dressées, pas d'antérieures.

Pattes : hanches jaune pâle, les faces antérieures I-II et externe III (sauf sur le tiers basal) d'un jaune plus sombre. Fémurs jaune pâle, tibias et tarses jaune sombre. Éperons brun-noir, les externes II aussi longs que la largeur apicale des tibias, les externes III nettement plus longs. Rapports protarse I/tibia I = 2,5 : 3,9 ; zone sensorielle tibiale rousse, très bien développée.

Ailes jaune sombre, sans taches. Membrane avec des macrotriches dressés, non courbées, dans le champ anal, et quelques-uns entre Cu1b et M4, et celle-ci et M2. Costale très largement prolongée après R5, couvrant les 5/6ᵉ de l'intervalle R5-M1. Sous-costale très courte, se terminant au niveau du milieu de la cellule basale. R4 courte, oblique, située un peu avant le milieu de l'intervalle R1-R5. Fusion radiomédiane très courte, atteignant environ la moitié de la longueur de R4. M1 largement (aile gauche) ou très largement (aile droite) interrompue à la base. M2 et M4 atteignant la marge de l'aile, M4 et Cu1b régulièrement et faiblement courbées ; anale longue, se prolongeant sous forme de trace

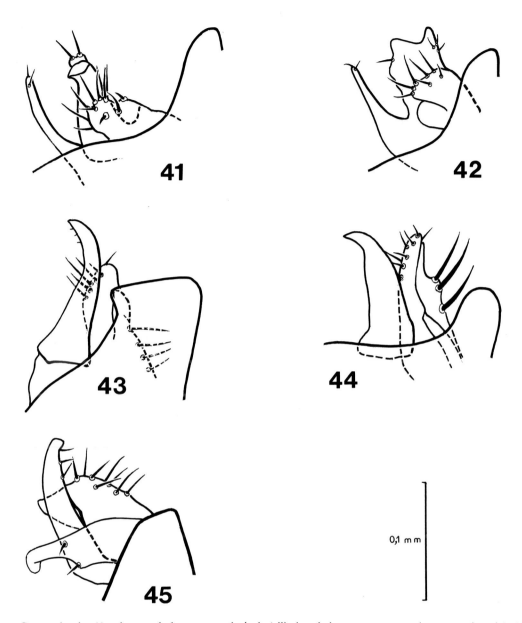

FIG. 41-45. — Gonostyles des *Neoplatyura*, holotypes, vue latérale (ciliation de la marge gonocoxale non représentée). 41 : *N. lyraefera* n. sp. ; 42 : *N. tillieri* n. sp. ; 43 : *N. bruni* n. sp. ; 44 : *N. aperta* n. sp. ; 45 : *N. brevitergata* n. sp.

jusqu'au bord de l'aile. Balanciers : pédicelle jaune pâle, capitule jaune sombre.

Abdomen jaune-roux, les marges apicales des tergites étroitement brunies, celles des trois derniers plus largement et plus distinctement.

Hypopyge (fig. 29) jaune brunâtre, le lobe gonostylaire externe brun. Tergite IX réduit à une étroite bandelette dépourvue de tout pro-cessus, dénudée. Gonocoxopodites étroitement réunis par les restes du sternite IX ; encoche apicale bordée en dehors par un processus plus sombre, presque aussi long que le lobe gonosty-laire externe, arrondi et légèrement élargi à l'apex. Gonostyles bilobés, le lobe externe en lame simple, longuement ciliée en-dedans, le lobe interne court et mince, cilié à l'apex, presque entièrement dissimulé ventralement par les processus gonocoxaux. Apex du phallosome ovale, relativement bien sclérifié.

Allotype femelle semblable à l'holotype, mais M1 non interrompue à la base et R4 située au quart de la distance R1-R5. Oviposeur jaune-roux.

Variations : souvent la fusion radiomédiane est presque punctiforme ; rarement, abdomen plus sombre, ou au contraire presque roux unicolore. Exceptionnellement, ligne scutale médiane absente. La nervure R4 se situe au quart de l'intervalle R1-R5 chez les deux femelles, sa position varie du premier tiers à près du milieu chez les paratypes mâles. Sauf chez l'holotype, M1 est entière à la base.

Matériel-type : holotype mâle, allotype femelle, 16 paratypes mâles et un paratype femelle : Vallée de la Coulée, 166°35'38″ E, 22°10'52″ S, maquis haut sur péridotite, bord de rivière, piège de Malaise, 24.X.1985 (Ph. BOUCHET). Un paratype ♂ : Vallée de la Comboui, env. cote 210 m, piège de Malaise, 5-8.XI.1985 (J. CHAZEAU) ; un paratype ♂ : Rivière Blanche, piège de Malaise, 4-7.III.1986 (J. BOUDINOT). Deux paratypes ♂ : Rivière Bleue, 165°40'06″ E, 22°06'05″ S, maquis sur crête, piège de Malaise, 13-28.X.1986 (L. BONNET de LARBOGNE, J. CHAZEAU & A. & S. TILLIER). MNHN.

Localité-type : Vallée de la Coulée.

Discussion : cette espèce est très facilement reconnaissable à sa nervure costale très longue. L'hypopyge, avec son tergite IX réduit, ses gonostyles bilobés et ses processus gonocoxaux, est d'un type bien différent de celui des autres espèces de la région australasienne, à l'exception de celle décrite ci-dessous. Je n'ai pu non plus la rapprocher d'espèces orientales.

Neoplatyura annieae n. sp.

Description : (holotype mâle). — Longueur de l'aile : 2,6 mm. Tête : occiput brun, calus ocellaire noir ; ocelles comme chez *N. costalis*. Front jaune-roux. Antennes : scape, pédicelle et pétiole du premier flagellomère jaune, le reste brun ; dernier flagellomère avec un apicule distinct. Face, trompe et palpes jaunes.

Thorax : scutum jaune-roux, portant une large mais faible bande médiane rousse, et deux taches préscutellaires indistinctes concolores ; bandes paracrosticales et paradorsocentrales très nettes sur toute la longueur. Scutellum et médiotergite jaune-roux. Sclérites pleuraux roux, luisants dénudés ; quelques soies prostigmatiques postérieures, pas d'antérieures.

Pattes jaunes, les tibias étroitement et faiblement brunis à l'apex. Éperons noirs, l'externe III (les pattes II manquent) nettement plus long que la largeur apicale du tibia (paratypes : externes II subégaux à cette largeur). Tibia I plus court que le tibia (1 : 1,4) ; zone sensorielle brune, bien développée.

Ailes jaunes, distinctement assombries de l'apex à un peu après R4 et à l'apex de Cu1b, ainsi qu'à la marge de la cellule anale. Macrotriches alaires comme chez *N. costalis*. Costale dépassant R5 sur les deux tiers de l'intervalle R5-M1. Sous-costale se terminant après le milieu de la cellule basale, mais bien avant Rs. R4 courte, oblique, se terminant au premier tiers de l'intervalle R1-R5. Fusion radiomédiane très courte, n'atteignant qu'environ le tiers de R4. M2, M4, Cu1b et anale comme chez *N. costalis*. Balanciers jaunes, le capitule assombri.

Abdomen brun jaunâtre, noirâtre à partir du segment VI.

Hypopyge (fig. 30) jaune, lobe gonostylaire externe et processus gonocoxal brun-noir. Du même type que chez *N. costalis*, mais tergite IX un peu moins étroit, processus gonocoxaux plus longs, lobe gonostylaire externe plus abondamment cilié.

Allotype femelle semblable à l'holotype, mais scutum uniformément jaune roux ; abdomen assombri à partir du segment V. Oviposeur brun-noir.

Variations : comme chez l'allotype, les taches scutales sont le plus souvent effacées chez les paratypes.

Matériel-type : holotype mâle, allotype femelle, dix paratypes mâles et un paratype femelle : Mont Kaala, 164°23'26″ E, 25°38'18″ S, maquis sur pente sud, 500 m, piège de Malaise, 24.IX-8.X.1986 (L. O. BRUN, J. CHAZEAU & A. & S. TILLIER).

L'espèce est amicalement dédiée à l'un de ses inventeurs, Mme Annie TILLIER.

Discussion : bien qu'elle en diffère par de nombreux détails, *N. annieae* est de toute évidence étroitement apparentée à *N. costalis*. En-dehors des genitalia mâles, elle s'en distinguera immédiatement par les ailes largement tachées et la costale moins longue.

Genre Proceroplatus EDWARDS

Proceroplatus EDWARDS, 1925 : 523. Espèce-type : *Platyura pictipennis* Williston (dés. orig.).
Calliplatyura MALLOCH, 1928 : 60. Espèce-type : *Platyura elegans* Coquillett (dés. orig.).

Ce genre est répandu dans toutes les régions tropicales du monde ; rare en région tempérée (*Proceroplatus elegans*, néarctique, remonte jusqu'au Québec), il ne compte jusqu'ici qu'une seule espèce australasienne, *Proceroplatus graphicus* (SKUSE), décrite d'Australie (Nouvelle-Galles du Sud), mais il existe aussi en Papouasie-Nouvelle-Guinée, d'où je connais plusieurs espèces. Le matériel de Nouvelle-Calédonie en comprend trois, dont je n'ai pu déterminer les affinités.

Proceroplatus priapus n. sp.

Description : (holotype mâle). — Longueur de l'aile : 3,2 mm. Tête : occiput jaune, plus sombre sur le disque, calus ocellaire bruni ; ocelle médian punctiforme. Front jaune. Antennes : scape, pédicelle et base du premier flagellomère jaunes le reste du flagelle jaune brunâtre ; flagellomères 2-11 largement étendus ventralement. Face jaune, trompe et palpes jaune brunâtre.

Thorax : proscutum jaune pâle. Scutum jaune sombre unicolore, ainsi que le scutellum ; médiotergite jaune pâle. Pleures jaune pâle, l'anépisterne et le latérotergite plus sombres, De nombreuses soies épisternales dorsales, petites, soies latérotergales peu nombreuses, longues et dressées, confinées à la partie postéro-dorsale du sclérite.

Pattes : hanches jaunes pâle, les II-III plus sombres à partir du tiers médian, à ce niveau une tache brune indécise. Fémurs et tibias jaunes, fémur III avec une légère ombre brune, ventrale, au tiers basal. Tarses : protarse largement jauni à la base, puis brun, tarsomères suivants bruns sauf à la base, les tarses paraissant ainsi annelés au

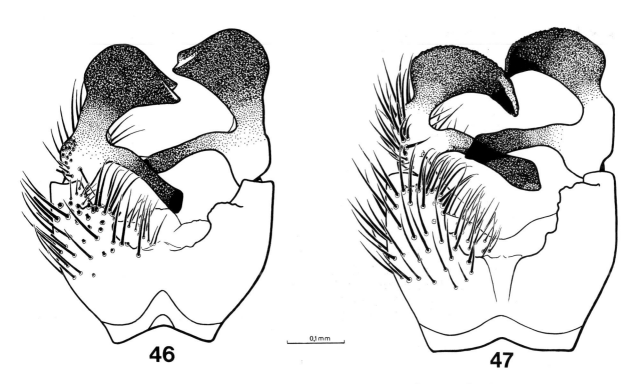

0,1 mm

46 **47**

FIG. 46-47. — Synsclérite gonocoxal et gonostyles des *Proceroplatus*, holotypes, face ventrale. 46 : *Proceroplatus priapus* n. sp. ; 47 : *P. scalprifer* n. sp.

niveau des articulations. Éperons noirs, externes II à peine visibles, externes III très courts. Protarse I d'un quart plus court que le tibia.

Ailes blanches tachées de brun (fig. 11) : apex bruni, renfermant deux taches blanches dans la première cellule médiane, une entre les deux branches de la fourche antérieure et une, très grande, entre M2 et M4. Une bande médiane brune, interrompue par une tache blanche entre M4 et Cu1b ; une faible trace de sc à la base de Rs, une autre vers l'apex de la cellule médiane, une bande arquée traversant le champ anal. Costale dépassant R5 sur la moitié de l'intervalle R5-M1. Sous-costale se terminant au niveau de la base de Rs. R4 courte, éloignée de l'apex de R1 par un peu plus de sa propre longueur. Fusion radiomédiane aussi longue que R4. M2, M4 et Cu1b assez brusquement courbées, puis effacées, avant la marge de l'aile. Anale courte, se terminant un peu avant le niveau de l'apex de la cellule basale. Balanciers : pédicelle jaune pâle, capitule jaune sombre.

Abdomen : tergite I brun-roux, jaune à la base ; tergites II-IV jaunes, avec une bande médiane brun-roux s'élargissant en mince bande apicale transverse, tergites suivants brun-roux, sauf une bande basale jaune. Sternite I jaune pâle, les suivants progressivement plus sombres.

Hypopyge (fig. 46) jaune sombre, les gonostyles très fortement brunis. Tergite IX pentagonal, les bords latéraux légèrement concaves ; cerques larges et aplatis. Marge postérieure du synsclérite gonocoxal largement et régulièrement échancrée au milieu, avec de chaque côté un lobe plus fortement cilié. Gonostyles bilobés, le lobe externe très fortement dilaté dans sa moitié apicale, le bord interne formant un bec à deux pointes ; lobe interne fortement sclérifié, long et étroit.

Allotype femelle (en très mauvais état) semblable au mâle ; tergites abdominaux V-VIII entièrement bruns. Oviposteur jaune.

Matériel-type : holotype mâle et allotype femelle : Mont Panié, 360 m, piège de Malaise, 11-16.XII.1983 (L. MATILE). Un paratype ♀ : id., 400 m, forêt dense humide, piège de Malaise, 18-20.XI.1986 (J. CHAZEAU & A. & S. TILLIER). Un paratype ♂ : Mont Kaala, 164°23′26″ E, 20°38′18″ S, 500 m, maquis sur pente sud, piège de Malaise, 24.IX-8.X.1986 (L. O. BRUN, J. CHAZEAU & A. & S. TILLIER). MNHN.

Localité-type : Mont Panié, 360 m.

Proceroplatus scalprifera n. sp.

Description : (holotype mâle). — Longueur de l'aile : 3,5 mm. Semblable à l'espèce précédente, dont il diffère par les caractères suivants :

Tête : face largement brunie en bas, palpes brun-noir. Pattes : tache fémorale III plus forte et plus étendue. Ailes : taches blanches des première et deuxième cellules médianes mieux développées (fig. 12). Abdomen : marques abdominales brun sombre au lieu de brun-roux. Hypopyge (fig. 47) : lobe dorsal des gonostyles moins dilaté, en forme de scalpel recourbé.

Allotype femelle semblable à l'holotype, mais flagellomères antennaire simples. Tache préapicale de la première cellule radiale deux fois plus larges que chez le mâle ; oviposteur jaune.

Variations : le mâle de Rivière Bleue est de teinte générale beaucoup plus claire. Le paratype femelle montre une tache radiale préapicale encore plus développée que chez l'allotype.

Matériel-type : holotype mâle : Mont Mou, 200-250 m, fauchage en sous-bois, 16.XI.1983 (L. MATILE). Allotype ♀ et un paratype ♂ : Rivière Bleue, Parc 6, 160 m, forêt humide sur alluvions, piège de Malaise, 13-26.X.1986 (L. BONNET de LARBOGNE & J. CHAZEAU). Un paratype ♂ : id., Parc 5, 150 m, forêt humide sur alluvions, piège de Malaise, même date (id.). Un paratype ♂ : Rivière Bleue, piège de Malaise, 12-27.III.1986 (J. CHAZEAU). MNHN.

Localité-type : Mont Mou, 200-250 m.

Proceroplatus sp.

Une femelle, par son ornementation alaire, semble très proche de *Proceroplatus scalprifera*, mais l'oviposteur a un sternite VIII brunâtre, de forme légèrement différente. Pointe du Cagou, Baie de Neumeni, 166°20′07″ E, 21°41′52″ S, 30 m, forêt humide sur péridotite, piège de Malaise, 5-8.XI.1984 (S. TILLIER & Ph. BOUCHET). MNHN.

Genre Pseudoplatyura SKUSE

Pseudoplatyura SKUSE, 1888 : 1180. Espèce-type : *Pseudoplatyura dux* SKUSE (mon.).

Ce genre est typiquement australasien [je ne pense pas qu'il soit synonyme de *Monocentrota* Lundström, comme l'ont suggéré Edwards (1941) et Lane (1959] et ne comprenait jusqu'ici que deux espèces, l'une australienne, l'autre néo-zélandaise. Le matériel de Nouvelle-Calédonie renferme deux autres espèces, très étroitement alliées.

Pseudoplatyura neocaledonica n. sp.

Description : (holotype mâle). — Longueur de l'aile : 2,4 mm. Tête : occiput brun sombre, calus ocellaire noir ; trois ocelles, le diamètre du médian atteignant environ le tiers du plus grand diamètre des externes, ceux-ci séparés de la marge oculaire par à peu près leur propre diamètre. Front grand, brun sombre. Antennes très courtes, à peine plus longues que la hauteur totale de la tête, uniformément brun-noir ; les 12 premiers flagellomères petits, monoliformes, le treizième légèrement allongé. Face, trompe et palpes bruns.

Thorax : prothorax brun clair. Scutum noir, couvert d'une pruinosité argentée laissant trois minces bandes longitudinales luisantes. Scutellum brun-noir, portant six longues soies apicales ; médiotergite brun-noir, dénudé. Sclérites pleuraux brun-noir. Anépisterne cilié en haut, latéro-tergite avec de longues soies postéro-dorsales dressées.

Pattes : hanches et fémurs bruns, tibias et tarses jaunes, fortement assombris par la ciliation ; tibia III noirci sur le quart apical. Éperons noirs, l'antérieur plus court que la largeur apicale du tibia, pas d'externes II-III, les internes bien développés, surtout le III. Tibia I dépourvu de zone sensorielle apicale ; protarse I atteignant la moitié de la longueur du tibia.

Ailes grisâtres, hyalines sur le disque. Costale dépassant R5 sur les deux tiers de l'intervalle R5-M1. Sous-costale très courte, effacée à l'apex avant la base de Rs. R4 longue, courbée, fortement oblique, son apex éloigné de celui de R1 par environ sa propre longueur. Fusion radiomédiane plus courte que R4, atteignant la moitié de la longueur du pétiole de la fourche. Anale faible, ne dépassant pas le niveau de l'apex de la cellule basale. Balanciers jaunes.

Abdomen uniformément brunâtre.

Hypopyge (fig. 48) très petit, noirâtre. Tergite IX large, transverse, plus court que le synsclé-rite gonocoxal. Proctigère court et large. Synsclé-rite gonocoxal largement ouvert dorsalement ; ventralement, gonocoxopodites séparés par une large zone membraneuse s'élargissant en triangle un peu avant la base du synsclérite ; face latérale dépourvue de dépression apicale (fig. 49). Gonostyles insérés avant l'apex des gonoxopodites, simples, munis d'une large pointe fortement sclérifiée, orientée dorso-ventralement, formant un angle droit avec la base (fig. 49). Phallosome grand, arceau apical très fortement sclérifié.

Matériel-type : holotype mâle : Col d'Amieu, 360-470 m, fauchage en sous-bois, 29.XI.1983 (L. MATILE) ; un paratype ♂ : id., 420 m, 30.XI.1983 (L. MATILE). MNHN.

Localité-type : Col d'Amieu, 360-470 m.

Discussion : les genitalia mâles des deux autres espèces australasiennes de ce genre n'ont jamais été figurés ; sous cette réserve, *Pseudoplatyura neocalédonica* semble plus proche de *P. truncata*, de Nouvelle-Zélande, par la réduction de la sous-costale, libre à l'apex, et la petitesse de l'hypopyge.

Pseudoplatyura crassitibialis n. sp.

Description : (holotype mâle). Tête : occiput brun-noir, calus ocellaire noir ; ocelle médian atteignant près de la moitié du diamètre des ocelles externes, ceux-ci éloignés de la marge oculaire par environ leur propre diamètre. Front brun. Antennes brun-noir, le pédicelle largement jauni ventralement. Face, trompe et palpes brun-noir.

Thorax : prothorax brun. Scutum d'un brun profond, portant trois minces bandes longitudinales noires ; pruinosité argentée limitée aux marges latérales. Scutellum brun-noir, médiotergite brun jaunâtre. Sclérites pleuraux bruns.

Pattes : hanches, fémurs et tibias bruns, ces derniers largement jaunis à l'apex, tarses jaunes, assombris par la ciliation. Tibias II légèrement élargis et aplatis, portant des rangées régulières de microchètes ; tibias III fortement élargis et aplatis, seul le quart apical portant des rangées régulières de microchètes. Éperons noirs, l'anté-rieur subégal à la largeur apicale du tibia I.

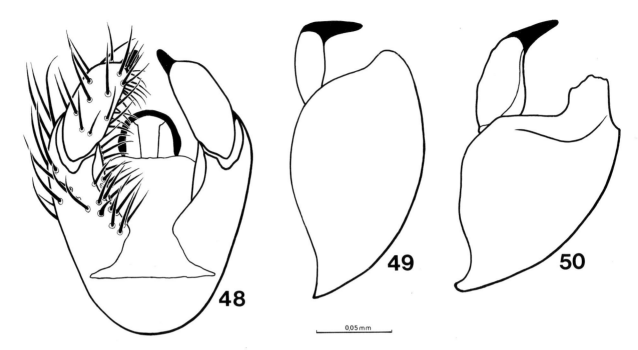

FIG. 48-49. — Hypopyge mâle des *Pseudoplatyura*, holotypes. 48 : *P. neocaledonica* n. sp., face ventrale ; 49 : id., face latérale, ciliation non représentée ; 50 : *P. crassitibialis* n. sp., id.

Protarse I inférieur à la moitié du tibia (3 : 7), pas de zone sensorielle apicale.

Ailes grisâtres, plus claires sur le disque. Costale dépassant R5 sur plus des trois quarts de l'intervalle R5-M1. Sous-costale très courte, mais non effacée à l'apex, se terminant sur la costale au niveau de la base de Rs. R4 longue, courbée, fortement oblique, son apex éloigné de celui de R1 par environ sa propre longueur. Fusion radiomédiane un peu plus courte que R4, mais plus longue que la moitié du pétiole de la fourche (1 : 1,5). Anale faible, fortement effacée à l'apex, mais repérable jusqu'au niveau de l'apex de la cellule basale. Balanciers jaunes.

Abdomen uniformément brunâtre.

Hypopyge brun, très semblable à celui de l'espèce précédente, dont il diffère par les gonocoxopodites portant une large dépression apicale sur la face latérale, et les gonostyles proportionnellement mieux développés, l'apex ne formant pas d'angle droit avec la base (comparer fig. 49-50).

Matériel-type : holotype mâle : Forêt de la Thi, 150-250 m, fauchage en sous-bois, 18. XI.1983 (L. MATILE). MNHN.

Localité-type : Forêt de la Thi, 150-250 m.

Discussion : cette espèce est très voisine de *P. neocaledonica*, mais elle s'en distingue immédiatement par ses tibias III épaissis, caractère qui n'a pas été signalé chez les autres espèces du genre.

Genre Pyrtulina MATILE

Pyrtulina MATILE, 1977 : 33. Espèce-type : *Pyrtulina pumila* MATILE (dés. orig).

Je rapporte provisoirement à ce genre décrit de Madagascar deux espèces qui diffèrent de la diagnose originale par trois apomorphies relativement peu importantes (*cf.* MATILE, 1986 b), les flagellomères antennaires dépourvus de macrochètes, l'anépisterne dénudé et les bandes scutales nues beaucoup plus larges, et quatre plésiomorphies : les éperons internes II-III plus longs (également les externes en ce qui concerne la deuxième espèce), les ailes plus simplement ornées, le lobe anal mieux développé et la sous-costale entière à l'apex. Ces espèces semblent cependant mieux placées dans *Pyrtulina* que dans le genre voisin *Laurypta* (régions australienne, orientale et afrotropicale), dont les éperons tibiaux externes ont disparu, les genitalia sont plus évolués et le scutum, au contraire, plus plésiomorphe par l'absence de bandes dénudées. Le British Museum possède une espèce de Papouasie-Nouvelle-Guinée appartenant au même groupe de *Pyrtulina* que les espèces néo-calédoniennes.

Pyrtulina tenuis n. sp.

Description : (holotype mâle). — Longueur de l'aile : 1,7 mm. Tête : occiput noir brunâtre ; ocelle médian atteignant environ la moitié du diamètre des externes, ces derniers très proches de la marge oculaire. Front brun. Antennes entièrement brun-noir. Face brune, trompe et palpes jaunes.

Thorax : prothorax jaune. Scutum brun, portant de larges bandes dénudées, les soies discales courtes. Scutellum et médiotergite bruns, ce dernier portant dorsalement, à l'apex, six fortes soies noires. Sclérites pleuraux tous dénudés, jaune luisant, mais le latérotergite jaune brunâtre.

Pattes jaunes, les tibias et surtout les tarses assombris par la ciliation. Éperons noirs, externes II-III très petits, mais distincts. Protarse I aussi long que son tibia ; zone tibiale sensorielle bien visible, jaune d'or.

Ailes grisâtres, faiblement enfumées sur près de la moitié apicale et le long de la marge postérieure, la coloration plus sombre le long du bord costal. Costale dépassant R5 sur les trois quarts de l'intervalle R5-M1. Sous-costale courte, se terminant au niveau de la base de Rs ; sc2 absente. R4 courte, oblique, se terminant peu après le niveau du premier tiers de l'espace R1-R5. Fusion radiomédiane pas plus longue que R4. Pétiole de la fourche médiane long, dépassant légèrement le niveau de l'apex de R1, mais presque effacé, de même que la base de la fourche. M4 subrectiligne, Cu1b peu courbée, anale réduite à une trace basale plus courte que Sc. Balanciers : pédicelle jaune, capitule brunnoir.

Abdomen : tergites uniformément brun-noir, sternite I jaune, les suivants bruns.

Hypopyge (fig. 51) brun. Tergite IX petit, plus court et bien plus étroit que le synsclérite gonocoxal. Cerques et hypoprocte bien développés, ce dernier en large plaque sclérifiée, ciliée à l'apex. Gonocoxopodites en larges tubes presque entièrement, mais étroitement, séparés ventralement. Gonostyles longs, minces, sans macrochètes modifiés, bidentés à l'apex. Phallosome petit, membraneux sauf l'arc apical.

Matériel-type : holotype mâle et trois paratypes mâles : Route de Canala après le Col d'Amieu, 300-350 m, fauchage en bord de ruisseau et sous-bois, 12.XII.1983 (L. MATILE). Trois paratypes ♂ : id., 330 m, 1.XII.1983 (L. MATILE). MNHN.

Localité-type : Route de Canala après le Col d'Amieu, 300-350 m.

Pyrtulina dubia n. sp.

Description : (holotype mâle). — Longueur de l'aile : 2,1 mm. Tête : occiput roux, calus ocellaire bruni ; trois ocelles, le médian punctiforme, les externes éloignés de la marge oculaire par environ le double de leur propre diamètre. Front jaune- roux. Antennes : scape et pédicelle jaunes, flagelle brun-roux. Face, trompe et palpes jaunes.

Thorax : prothorax jaune. Scutum roux, portant de larges bandes dénudées, les macrochètes longs. Scutellum et médiotergite jaunes, ce dernier portant de chaque côté huit fortes soies noires, dorsales et apicales. Sclérites pleuraux jaunes, luisants, dénudés.

Pattes jaunes, les hanches plus pâle à la base, les tarses assombris par la ciliation. Éperons noirs ; éperons externes II-III bien développés, les II aussi longs que la largeur apicale du tibia, les III 1,5 fois plus longs. Protarse I un peu plus court que le tibia (2,7 : 3) ; zone sensorielle du tibia distincte, brune.

Ailes jaunes, non enfumées. Costale dépassant R5 sur les trois quarts de l'intervalle R5-M1. Sous-costale courte, se terminant au niveau de la base de Rs, sc2 absente. R4 courte, oblique, apex situé un peu avant le milieu de l'intervalle R1-R5. Fusion radiomédiane de même longueur que R4. Pétiole de la fourche médiane faible, se terminant nettement avant le niveau de l'apex de R1. M4 subrectiligne, Cu1b peu courbée, anale réduite à une trace ne dépassant pas le niveau de

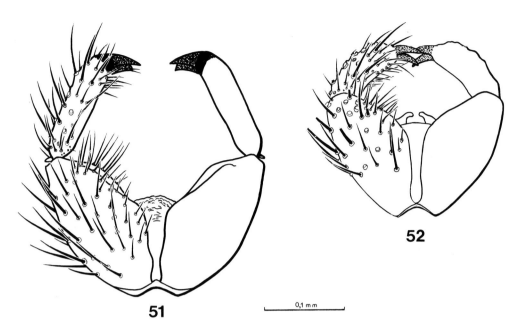

FIG. 51-52. — Synsclérite gonocoxal et gonostyles des *Pyrtulina*, holotypes, face ventrale. 51 : *P. tenuis* n. sp. ; 52 : *P. dubia* n. sp.

l'apex de la sous-costale. Balanciers jaunes, le capitule légèrement assombri.

Abdomen roux, unicolore.

Hypopyge (fig. 52) roux, de même type que celui de l'espèce précédente mais proportionnellement beaucoup plus petit. Tergite IX hexagonal, le bord postérieur rectiligne. Gonostyles plus courts par rapport au synsclérite, courbés, les épines apicales moins sclérifiées.

Allotype femelle semblable au mâle, les quatre premiers tergites abdominaux jaunis latéralement, les suivants brun-roux. Oviposteur brunnoir.

Variations : les paratypes du Pic du Pin ont le tergite IX arrondi à l'apex, et non rectiligne ; ils représentent peut-être une espèce ou une sous-espèce distincte.

Matériel-type : holotype mâle, allotype femelle et deux paratypes mâles : Mont Panié, 260 m, piège de Malaise, 11-16.XII.1983 (L. MATILE). Un paratype ♂ : Mont Panié, 164°45′ E, 20°35′30″ S, 400 m, forêt dense humide, piège de Malaise, 18-20.XI.1986 (J. CHAZEAU & S. TILLIER). Trois paratypes ♂ : Pic du Pin, flanc Est (station 233), 166°49′45″ E, 22°14′07″ S, 250 m,

forêt humide sur sol minier, piège de Malaise, 12.XI.1984 (S. TILLIER & Ph. BOUCHET). MNHN.

Localité-type : Mont Panié, 260 m.

Discussion : cette espèce diffère quelque peu des deux autres *Pyrtulina* connus, par la grande taille des éperons tibiaux et l'aile dépourvue de taches.

Genre Rhynchorfelia n. gen.

Diagnose : Mâle-femelle. — Tête, sans la trompe, plus large que haute (fig. 53-54). Occiput portant de courtes soies couchées, les postoculaires et les postocellaires plus longues et plus fortes. Trois ocelles, les externes bien plus grands que le médian, éloignés de la marge oculaire par environ leur propre diamètre ; chaque ocelle situé sur un calus distinct. Front large, quadrangulaire, calus frontaux, entre les fosses antennaires, portant une série de soies de part et d'autre du sillon ; à ce niveau, yeux profondément émarginés. Antennes de 2 + 14 articles.

Scape et pédicelle peu développés, subcylindriques. Premier flagellomère pédonculé, environ deux fois plus longs que large ; flagellomères suivants cylindriques, aussi longs que larges, puis progressivement allongés, le dernier fusiforme, environ trois fois plus long que large, dépourvu d'apicule terminal. Pas de macrochètes flagellaires. Face courte, transverse, peu sclérifiée, portant quelques petites soies, Clypéus quadrangulaire, cilié.

Trompe allongée, dépassant le niveau de l'apex des hanches. Labre triangulaire allongé, pointu à l'apex, un peu plus court que la moitié de la trompe. Hypopharynx environ ⅓ plus court que le labre. Endites maxillaires distincts, relativement longs. Prémentum peu sclérifié, non distinctement allongé. Labelles I petites, peu sclérifiées en avant. Labelles II très longues, formant chacune un demi-tube, les deux labelles coaptées sur près de la moitié basale sur l'exemplaire non potassé (et dans ce cas le labre et l'hypopharynx assurent dorsalement la fermeture de la trompe). Palpes maxillaires insérés à la base de la trompe, formés de 1 + 4 articles. Palpifère et premier palpomère petits et peu sclérifiés, palpomère 2 gros, portant une crypte sensorielle bien développée, palpomères 3 et 4 plus petits.

Thorax. — Prothorax robuste latéralement, nettement mais étroitement rétréci dorsalement sur la ligne médiane ; prosternum saillant, dénudé. Scutum peu bombé, couvert de soies uniformément réparties, les discales courtes et couchées,

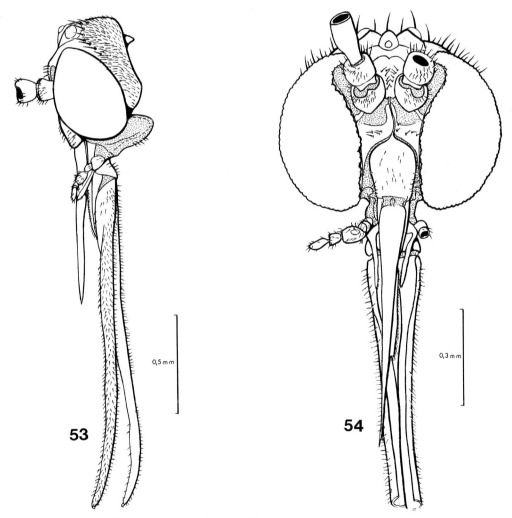

FIG. 53-54. — *Rhynchorfelia rufa* n. gen. n. sp., holotype mâle, tête. 53 : vue latérale ; 54 : vue frontale, la trompe supposée coupée (le palpe gauche est brisé).

les latérales et les préscutellaires très longues et dressées. Scutellum large, semi-circulaire, nu sur le disque, mais la marge hérissée de longues soies dressées, mêlées de plus courtes. Médiotergite dénudé, peu élevé, fortement anguleux, arrondi à l'apex, celui-ci dépassant peu le scutellum. Sclérites pleuraux entièrement dénudés ; pas de soies prospiraculaires ni scabellaires. Anépisterne fortement rétréci ventralement, mais sur une faible longueur. Grand axe du latérotergite fortement oblique.

Pattes : hanches I ciliées sur les faces antérieure et externe, la ciliation se prolongeant sur le milieu de la face postérieure ; également quelques apicales postérieures. Hanches II ciliées sur le tiers apical de la face antérieure, la zone ciliée remontant à la marge de la face externe, jusqu'au tiers basal. Hanches III ciliées le long de la marge postérieure de la face externe, sauf à la base. Pas de soies coxales postérieures II-III. Fémurs robustes, portant de courtes soies couchées, les ventrales pas plus longues que les dorsales ; II-III avec une zone dénudée postérieure. Tibias à mirochètes disposés irrégulièrement à la base, régulièrement à l'apex ; des rangées régulières toutes semblables sur environ le tiers apical (tibia I), la moitié (tibia II) ou seulement le quart (tibia III). Éperons 1 : 2 : 2, l'antérieur un peu plus long que la largeur apicale du tibia, les externes II-III un peu moins du double, les internes près du quadruple de cette largeur. Tibia I avec des macrochètes antérieurs, externes et postérieurs, tibias II-III avec des antérieurs, antéro-externes, externes, postéro-externes, postéro-internes et internes. Tibia I sans peigne, mais avec une zone sensorielle apicale très distincte. Tibia II avec un peigne postérieur, III avec un antérieur et un postérieur. Tarses normaux, microchètes régulièrement disposés, des macrochètes ventraux. Protarse I plus court que le tibia. Griffes (♂♀) courtes, portant deux épines basales.

Ailes (fig. 13) : angle anal bien marqué ; membrane dépourvue de macrotriches, sauf quelques-uns, très rares, dans le champ anal. Costale longue, atteignant l'apex de l'aile. Sc se terminant au milieu de l'intervalle compris entre la base de Rs et l'apex de la cellule basale. Sc2 très distincte, proche de h. R1 longue, dépassant largement le milieu de l'aile. R4 présente, courte, peu oblique, située vers le tiers basal de l'intervalle R1-R5. Fusion radiomédiane plus longue que R4 mais plus courte que le pétiole de la fourche médiane. Cellule basale non divisée en deux par la base de la médiane. Nervures basses peu courbées, M2, M4 et Cu1b interrompues avant la marge de l'aile. Cu2 longue et distincte, anale forte, atteignant la marge.

Ciliation, face dorsale : C, R1, moitié apicale de frm, R4+5 et R5 ciliées, le reste nu. Face ventrale : toutes les nervures nues sauf la costale.

Abdomen allongé, sternites saillant ventralement, surtout à partir du IV. Segment VIII mâle bien développé, non dissimulé, même à la base, sous le VII.

Genitalia mâles de type fixe, non rotatoire. Tergite IX grand, mais peu étendu latéralement, ne recouvrant pas la face latérale des gonocoxopodites (fig. 56). Cerques et hypoprocte petits, bien sclérifiés et ciliés, en situation préapicale à la face ventrale du tergite IX, mais se prolongeant basalement par une large plaque transparente doublant ventralement le tergite, et assurant par deux apodèmes une articulation avec les gonocoxopodites, indépendante de celle du tergite.

Gonocoxopodites (fig. 55-56) profondément modifiés par rapport au plan de base des Keroplatidae, appartenant au type *Xenoplatyura* (*cf.* MATILE, 1978). Réunis ventralement par un pont large et bien sclérifié, prolongé par deux apodèmes entourant la base d'un processus ventral large et transparent. Lobe ventral bien développé, pointu à l'apex. Gonostyles formés de deux lobes indépendants à la base, l'un dorsal, l'autre ventral, tous deux courts, le ventral portant de fortes soies. Phallosome complexe, formant une pompe spermatique prolongée dans l'abdomen au moins jusqu'au segment VI.

Genitalia femelles (fig. 57) profondément enfoncés sous le segment VII. Tergites VIII, IX et X entièrement membraneux. Sternite VIII complètement divisé en deux ventralement, formant deux plaques quadrangulaires à angles arrondis, relativement peu sclérifiées, à ciliation courte et rare, plus serrée à la marge apicale, qui est largement rebordée. Sternite IX représenté par deux petits latérosternites situés entre la base des cerques et le sternite VIII. Cerques très petits, uni-articulés, portant de courtes soies dressées. Plaque postgénitale petite, bien sclérifiée, ciliée à l'apex Le reste de l'ovipositeur membraneux, sauf les valves hypogyniales, faiblement sclérifiées.

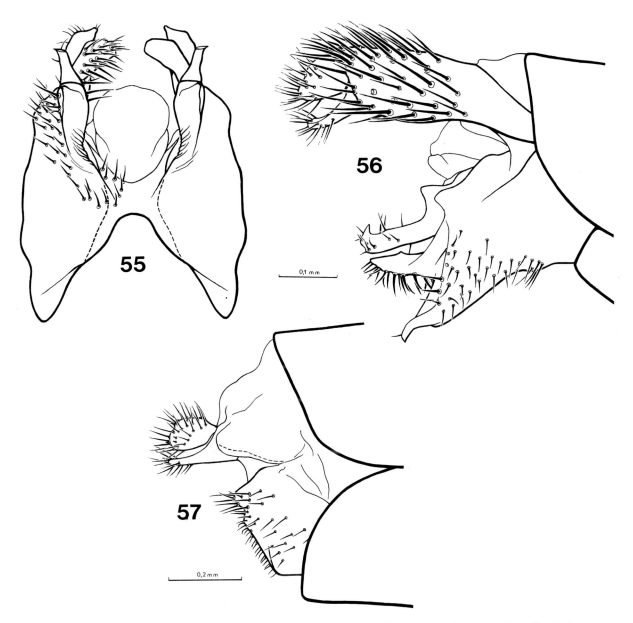

FIG. 55-57. — *Rhynchorfelia rufa* n. gen. n. sp., genitalia. 55 : holotype, synsclérite gonocoxal et gonostyles ; 56 : id., hypopyge, face latérale ; 57 : allotype, ovipositeur, face latérale.

Espèce-type : *Rhynchorfelia rufa* n. sp.

Derivatio nominis : de ρүνυος, trompe, et d'*Orfelia*, genre-type de la tribu des *Orfeliini*. Genre : féminin.

Discussion : Par ses genitalia mâles, *Rhynchorfelia* appartient sans conteste au groupe formé par les genres *Cloeophoromyia* MATILE, *Xenoplatyura* MALLOCH, *Truplaya* EDWARDS, *Urytalpa* EDWARDS, *Asindulum* LOEW, *Macrorrhyncha* WINNERTZ, *Antlemon* LOEW et *Neoplatyura* EDWARDS, tel que je l'ai défini en 1978. Ainsi qu'Edwards (1929) l'a mis en évidence pour une partie de ses membres, ce groupe est en effet caractérisé par l'hypopyge non rotatoire, l'édéage grand et pourvu de longs apodèmes, et la taille réduite des gonocoxopodites et des gonostyles. Dans mon travail de 1978, j'ajoutais à ces caractères la grande taille du tergite IX, développé latéralement pour recouvrir gonostyles et gonocoxopodites. *Rhynchorfelia* ne possède pas ce caractère, mais il n'est pas évident chez tous les représentants du groupe, notamment certaines espèces de *Xenoplatyura*. Tous ces genres, sauf *Antlemon*, *Neoplatyura* et *Urytalpa*, montrent une liaison directe, par des apodèmes propres, de l'hypoprocte et de la face dorsale du synsclérite gonocoxal. Par ailleurs, *Rhynchorfelia* n'a pas l'abdomen pétiolé du sous-groupe *Xenoplatyura*. Les relations phylogénétiques entre les différents genres sont donc à revoir en prenant en compte davantage de caractères que je n'ai pu le faire en 1978.

D'autre part, la trompe de *Rhynchorfelia* est absolument de même type que celle du genre oriental *Rhynchoplatyura*, aucun autre Keroplatidae ne possédant ces labelles coaptés en tube allongé. *Rhynchoplatyura* diffère cependant par de très nombreux caractères, dont les plus marquants sont la réduction des palpes à deux palpomères, les ailes étroites, à angle anal très réduit, la terminaison de R5 sur R1, la fusion radiomédiane très longue et l'abdomen femelle pétiolé, les segments I et II allongés et tubulaires, les suivants fortement élargis. Je n'ai malheureusement pu examiner que des femelles de ce genre. La découverte du mâle permettra de s'assurer de son appartenance au même groupe que *Rhynchorfelia*, auquel cas il s'agirait sans aucun doute de deux genres-frères, dont *Rhynchoplatyura* serait le plus apomorphe.

Rhynchorfelia rufa n. sp.

Description : (holotype mâle). Longueur de l'aile : 4 mm. Tête : occiput roux, calus ocellaires noirs. Front roux. Antennes : scape et pédicelle roux, flagelle brun. Face et clypéus jaune-roux, labre jaune brunâtre ; labelles jaunes à la base, tout le reste brun-noir. Palpes jaune brunâtre.

Thorax : prothorax roux orangé. Scutum roux orangé, portant trois bandes longitudinales brunes bien délimitées, les latérales interrompues avant la marge antérieure. Scutellum roux, médiotergite brunâtre, roux sur les côtés. Sclérites pleuraux roux orangé, l'anépisterne un peu plus sombre.

Pattes : hanches roux orangé, fémurs jaune-roux, tibias et tarses jaunes, assombris par la ciliation. Éperons noirs, zone sensorielle du tibia I brune.

Ailes jaunes, brunies à l'apex, à partir d'environ le milieu de l'intervalle R4-R5. Balanciers : pédicelle roux, capitule brun-roux.

Abdomen : tergites roux sombre, sternites plus clairs. Hypopyge roux.

Allotype femelle semblable au mâle, mais teinte générale plus claire, tirant sur le jaune, et bandes scutales moins distinctes.

Matériel-type : holotype mâle : Col des Roussettes, 450-550 m, 4-6.II.1963 ; l'épingle porte deux étiquettes de collecteurs différentes : « J. L. GRESSITT Collector » et « C. YOSHIMA & N. KRAUSS, Malaise Trap ». Allotype femelle : Forêt de la Thi, piège de Malaise, XI-XII.1979 (J. CHAZEAU). Holotype : BPBM ; allotype : MNHN.

Localité-type : Col des Roussettes, 450-550 m.

Genre Rutylapa EDWARDS

Rutylapa EDWARDS, 1929 : 151 (sous-genre de *Platyura*). Espèce-type : *Platyura ruficornis* Zetterstedt (dés. orig.).
Rutylapa, EDWARDS, 1941 : 24.

Ce genre comprend une quinzaine d'espèces appartenant à toutes les régions biogéographiques sauf la néotropicale. Une seule espèce australasienne est connue, *R. gressitti* (COLLESS) [**n. comb.** : *Orfelia (Rutylapa) gressitti* COLLESS, 1966 : 649)], des îles Carolines (Yap). Je connais toutefois une espèce inédite de Nouvelle-Guinée.

Les diverses récoltes effectuées en Nouvelle-Calédonie ont révélé la présence de six espèces de ce genre (dont une représentée par des femelles seulement). Quatre d'entre elles sont très semblables et ne se distingueront avec certitude que par les genitalia mâles. Les cinq espèces nommées se caractérisent par le dernier flagellomère antennaire apiculé, les ailes non tachées, la nervure anale plus ou moins brève et les éperons externes II-III très fortement réduits, pas plus longs que les soies tibiales apicales. L'espèce représentée par le sexe femelle seulement présente ces caractères, mais les ailes sont tachées.

Aucune espèce de *Rutylapa* n'étant signalée d'Australie ou de Nouvelle-Zélande, les affinités des *Rutylapa* néo-calédoniens doivent être recherchées pour le moment parmi les espèces orientales, tout comme celles de *R. gressitti* (qui comme l'espèce néo-guinéenne et celle non nommée de Nouvelle-Calédonie possède des ailes tachées à l'apex). Nos connaissances sur les représentants orientaux du genre sont encore trop limitées, cependant, et je n'ai relevé dans les descriptions originales aucune apomorphie permettant d'émettre une hypothèse de parenté.

Rutylapa boudinoti n. sp.

Description : (holotype mâle). — Longueur de l'aile 3,5 mm. Tête : occiput roux, calus ocellaires noirs ; ocelle médian bien plus petit que les latéraux. Antennes uniformément rousses ; dernier flagellomère distinctement apiculé. Face, trompe et palpes roux.

Thorax roux. Scutum portant une ligne médiane brune peu distincte, sauf au niveau préscutellaire. Scutellum avec une large bande brune dans le prolongement de celle du scutum ; soies marginales courtes et longues. Médiotergite avec une bande médiane prolongeant les bandes scutellaire et scutale, l'apex également bruni ; 2-3 macrochètes apicaux de petite taille. Sclérites pleuraux roux, le katépisterne plus clair ventralement, le latérotergite bruni en avant, le métépisterne bruni dorsalement. Soies stigmatiques postérieures nombreuses et dressées, pas d'antérieures. Quelques soies anépisternales dorsales très courtes, et des microchètes métépisternaux relativement nombreux dans la partie ventrale.

Hanches et pattes jaunes, tibias et tarses assombris par la ciliation. Éperons noirs, les externes II-III très fortement réduits. Protarse et tibia I de même longueur ; peigne tibial antérieur bien visible, roux, luisant.

Ailes jaunes, ni tachées ni enfumées. Costale dépassant R5 sur plus de la moitié de l'intervalle R5-M1. Sous-costale courte, se terminant au niveau de la base de Rs. R4 longue, oblique, son apex éloigné de celui de R1 par environ 1,5 fois sa propre longueur. Fusion radiomédiane plus courte que R4. M2 et M4 interrompues bien avant la marge, de même que l'anale, cette dernière très fine, non colorée. Balanciers : pédicelle jaune, capitule roux.

Abdomen uniformément roux (maculé de noir par les restes des organes internes). Hypopyge (fig. 59) jaune. Synsclérite gonocoxal largement échancré à l'apex, cette échancrure limitée en dehors par un processus distinct, mais peu développé, portant quelques soies plus épaisses. Gonostyles (fig. 61) simples, aigus à l'apex, peu courbés, brunis dans la moitié apicale.

Allotype femelle semblable à l'holotype, mais sous-costale nettement plus longue ; trois minces bandes longitudinales scutales, abdomen non bruni sur le disque. Ovipositeur jaune, triangulaire allongé.

Variations : le paratype de Rivière Blanche et celui de Tao ne montrent pas de bande scutellaire, ni médiotergale ; les tergites abdominaux II-V portent des bandes apicales grisâtres peu distinctes chez le premier, noirâtres chez le second. Ceux de Rivière Bleue n'ont pas de ligne thoracique dorsale et les gonostyles sont entièrement brunis.

Matériel-type : holotype mâle : Forêt de la Thi, piège de Malaise, XI.1979 à I.1980 (J. CHAZEAU). Allotype ♀, un paratype ♂ et un paratype ♀ : Haute Rivière Bleue, 166°37′24″ E, 22°34′40″ S, 250 m, piège de Malaise, 11.XI.1984 (S. TILLIER, Ph. BOUCHET & M.P. TRICLOT). Un paratype ♂ : route du Col d'Amieu, 420 m, fauchage en sous-bois, 30.XI.1983 (L. MATILE). Un paratype ♂ : Rivière Blanche, piège de Malaise, 4-7.III.1986 (J. BOUDINOT). Un paratype ♂ : Rivière Bleue (R B VII), piège de Malaise, 12-27.III.1986 (J. CHAZEAU). Holotype, allotype et tous ces paratypes : MNHN.

Un paratype ♂ : Tao, 9.II.1963, piège de Malaise (C. YOSHIMOTO & N. KRAUSS) ; BPBM.

Localité-type : Forêt de la Thi.

Rutylapa flavocinerea n. sp.

Description : (holotype mâle). — Longueur de l'aile : 4,4 mm. Tête : occiput jaune, calus ocellaire noir, ocelle médian bien plus petit que les latéraux. Antennes jaunes, le scape, le pédicelle et la base du premier flagellomère plus pâles ; dernier flagellomère à apicule distinct. Face, trompe et palpes jaunes.

Thorax : scutum jaune, portant trois très fines bandes longitudinales peu distinctes ; calus huméraux grisâtres sous certaines incidences. Scutellum uniformément jaune pâle, à soie marginales courtes et longues. Médiotergite jaune pâle à la

base, jaune plus sombre sur le reste ; une douzaine de petites soies apicales. Sclérites pleuraux
jaunes, le katépisterne plus pâle. Soies prostigmatiques postérieures nombreuses et dressées,
pas d'antérieures. Pas de soies anépisternales,
mais métépisterne avec quelques microchètes
ventraux.

Pattes : hanches jaune pâle, le reste jaune,
tibias et tarses assombris par la ciliation. Éperons noirs, les externes II-III très fortemnt
réduits. Protarse I plus long que le tibia (6 : 5).
Peigne tibial antérieur bien distinct, jaune, luisant.

Ailes jaunes, sans taches. Costale dépassant
R5 sur plus de la moitié de l'intervalle R5-M1.
Sous-costale courte, mais se terminant un peu
après la base de Rs. R4 longue, oblique, son
apex éloigné de celui de R1 par environ 1,5 fois
sa propre longueur. Fusion radiomédiane plus
courte que R4. M2 et M4 interrompues bien
avant la marge de l'aile, de même que l'anale,
mais cette dernière nettement plus longue que
chez R. boudinoti. Balanciers : pédicelle jaune,
capitule roux.

Abdomen jaune, les tergites II-VI à taches
apicales triangulaires d'un gris cendré, plus ou
moins distinctes selon les incidences (en particulier bien visibles de dessus à l'œil nu).

Hypopyge (fig. 58) jaune, très proche de celui
de l'espèce précédente, mais gonostyles (fig. 61)
non rétrécis avant l'apex, moins fortement et
plus étroitement brunis, et processus gonocoxal
interne plus développé.

Paratype mâle semblable à l'holotype.

Matériel-type : holotype et paratype, mâles :
Sud du Grand Lac (station 235 a), 166°54'00" E,
22°16'31" S, maquis haut, 230 m, 14.X.1985 (Ph.
BOUCHET). MNHN.

Localité-type : Sud du Grand Lac, 230 m.

Rutylapa lucidistyla n. sp.

Description : (holotype mâle). — Longueur de
l'aile : 3,2 mm. Semblable à l'espèce précédente.
En diffère par les soies médiotergales moins
nombreuses (2-3, comme chez R. boudinoti), la
nervure R4 éloignée de l'apex de R1 par près de
deux fois sa propre longueur, la nervure anale
plus longue, interrompue peu avant la marge de

l'aile, et l'abdomen plus nettement annelé de noir
brunâtre.

Variations : le paratype de Tao est de coloration presque entièrement brun sombre.

Matériel-type : holotype mâle : Vallée de
la Coulée, 166°35'38" E, 22°10'52" S, piège de
Malaise, maquis haut sur péridotite, bord de
rivière, 24.X.1985 (Ph. BOUCHET). Un paratype
♂ : Tao, 0-5 m, 15.XII.1983 (L. MATILE).
MNHN.

Localité-type : Vallée de la Coulée.

Discussion : l'espèce diffère de tous les Rutylapa néo-calédoniens par les gonostyles brun
luisant, portant une forte dent dorsale (fig. 58).

Rutylapa lydiae n. sp.

Description : (holotype mâle). — Longueur de
l'aile : 3,5 mm. Tête : occiput jaune, calus
ocellaires noirs, ocelle médian bien plus petit
que les latéraux ; front jaune sombre. Antennes
jaunes, le scape, le pédicelle et la base du premier
flagellomère plus pâles ; dernier flagellomère
distinctement apiculé. Face, trompe et palpes
jaunes.

Thorax : scutum jaune sombre, portant trois
minces bandes longitudinales brunes, peu distinctes. Scutellum jaune sombre, soies marginales
mélangées de courtes et de longues. Médiotergite
jaune pâle, largement d'un jaune plus sombre sur
le disque, 8-9 macrochètes apicaux. Sclérites
jaunes sombre, sauf le katépisterne, presque
entièrement jaune pâle. Soies prostigmatiques
postérieure nombreuses et dressées, pas d'antérieures. Pas de soies anépisternales, métépisterme
avec de nombreux microchètes couchés dispersés
sur presque toute la surface du sclérite.

Pattes : hanches jaune pâle, le reste jaune
sombre, tibias et tarses assombris par la ciliation.
Éperons noirs, les externes II-III fortement réduits.
Peigne tibial antérieur bien visible, jaune, luisant.
Protarse I un peu plus court que le tibia (5 : 5,5).

Ailes jaunes, sans taches. Costale dépassant
R5 sur plus de la moitié de l'intervalle R5-M1.
Sous-costale courte, se terminant au niveau de la
base de Rs. R4 longue et oblique, son apex
séparé de celui de R1 par 1,8 fois sa propre
longueur. Fusion radiomédiane plus courte que

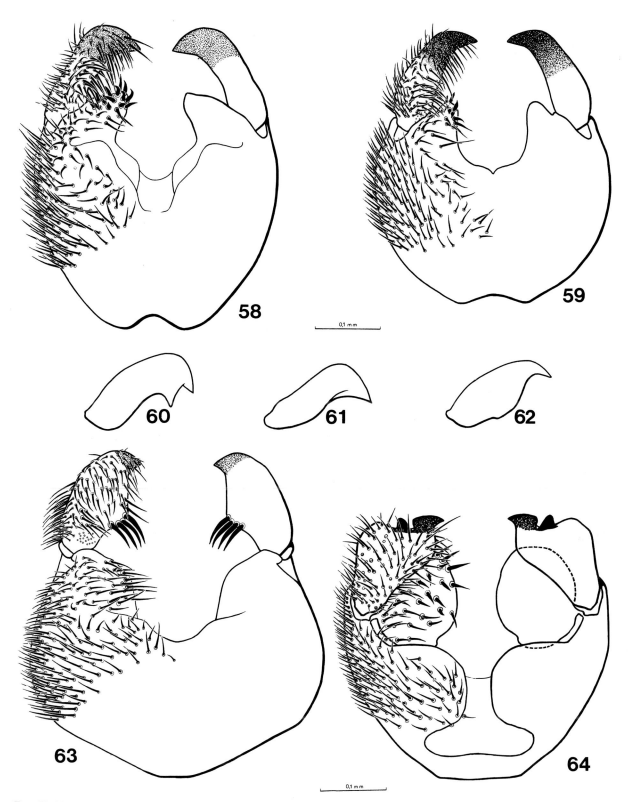

FIG. 58-64. — Hypopyge mâle des *Rutylapa*, holotypes. 58 : *R. flavocinerea* n. sp., synsclérite gonocoxal et gonostyles, face ventrale ; 59 : *R. boudinoti* n. sp., id. ; 60 : *R. lucidistyla* n. sp. gonostyle, face latérale (ciliation non représentée) ; 61 : *R. flavocinera* n. sp., id. ; 62 : *R. boudinoti* n. sp., id. ; 63 : *R. lydiae* n. sp., synsclérite gonocoxal et gonostyles, face ventrale ; 64 : *R. discifera* n. sp., id.

R4. M2, M4 et anale interrompues avant la marge de l'aile, l'anale très faible sur ses deux tiers apicaux. Balanciers jaunes.

Abdomen jaune-roux, les tergites et les sternites portant une étroite bande apicale brun grisâtre.

Hypopyge (fig. 63) jaune. Gonostyles courts, dilatés au milieu et portant à ce niveau quatre fortes soies noires ; apex légèrement bruni. Processus gonocoxal apical peu développé.

Allotype femelle semblable à l'holotype, ovipositeur jaune, cerques triangulaires allongés, pointus.

Variations : l'allotype et les paratypes ont les bandes scutales plus distinctes, fusionnées en arrière au niveau préscutellaire, cette bande se prolongeant faiblement sur le disque du scutellum. Les soies médiotergales peuvent se réduire à 4-5.

Matériel-type : holotype mâle, allotype femelle et un paratype mâle : Rivière Bleue, piège de Malaise, 19.XI-4.XII.1985 (J. CHAZEAU). Trois paratypes ♂ et deux paratypes ♀ : id., Parc 5, 150 m, forêt humide sur alluvions, piège de Malaise, 13-26.X.1986 (L. BONNET de LARBOGNE & J. CHAZEAU). Deux paratypes ♂ : id., Parc 6, 160 m, forêt humide sur alluvions, piège de Malaise, 13-26.X.1986 (L. BONNET de LARBOGNE & J. CHAZEAU). MNHN.

Localité-type : Rivière Bleue.

L'espèce est amicalement dédiée à l'un de ses inventeurs, Mme Lydia BONNET de LARBOGNE.

Rutylapa discifera n. sp.

Description : (holotype mâle). — Longueur de l'aile : 3,2 mm. Tête : occiput brun, luisant. Calus ocellaires noirs, ocelle médian punctiforme. Antennes : scape, pédicelle et premier flagellomère bruns, le reste brun jaunâtre ; dernier flagellomère distinctement apiculé. Face brune, trompe et palpes jaunes.

Thorax : prothorax brun. Scutum brun, indistinctement plus clair sur une large bande médiane, interrompue bien avant le scutellum. Scutellum et médiotergite bruns, soies scutellaires marginales longues, 5-6 médiotergales apicales courtes. Sclérites pleuraux uniformément bruns. Soies

stigmatiques postérieures peu nombreuses, pas d'antérieures. Quelques anépisternales dorsales et métépisternales ventrales.

Pattes : hanches jaune-roux, le reste jaune, les tarses assombris par la ciliation, le fémur III légèrement bruni sur le tiers apical. Éperons noirs, les externes II-III fortement réduits. Tibia I sans zone sensorielle apicale distincte ; protarse I un peu plus court que le tibia (2 : 2,3).

Ailes uniformément jaunes. Costale dépassant R5 sur les deux tiers de l'intervalle R5-M1. Souscostale se terminant au niveau de la base de Rs. R4 longue, oblique, éloignée de l'apex de R1 par un peu plus de 1,5 fois sa propre longueur. Fusion radiomédiane plus courte que R4. M2 et M4 interrompues bien avant la marge de l'aile. Anale sclérifiée jusqu'au niveau de l'apex de la cellule basale, puis progressivement effacée. Balanciers : pédicelle jaune, capitule brun.

Abdomen : tergite et sternite I bruns, les segments suivants jaune brunâtre, les sternites un peu plus clairs.

Hypopyge (fig. 64) brun. Synsclérite gonocoxal très largement échancré ventralement sur la ligne médiane, la zone membraneuse basale élargie en triangle. De la marge apicale du synsclérite se détache, de chaque côté, un disque aussi grand que le gonostyle, muni de fortes soies ventrales, et relié à la marge du synsclérite par un mince pédoncule. Gonostyles courts, élargis à l'apex, où ils portent une forte dent en crochet, interne, et une dent externe plus fortement sclérifiée.

Allotype femelle dans l'ensemble plus sombre que l'holotype. Antennes entièrement brun-noir, scutum sans bande longitudinale plus claire, fémur III bruni sur presque toute la moitié apicale, abdomen entièrement brun-noir, y compris l'ovipositeur.

Matériel-type : holotype mâle : Mont Khogi, 500 m, 7-8.XII.1963, piège de Malaise (R. STRAATMAN) ; allotype femelle : Mont Khogi, 550 m, fauchage en sous-bois, 15.XI.1983 (L. MATILE). Holotype : BPMN ; allotype : MNHN.

Localité-type : Mont Khogi, 500 m.

Discussion : cette espèce bien distincte des autres *Rutylapa* néo-calédoniens est particulièrement intéressante par ses genitalia mâles. S'il n'était relié au synsclérite gonocoxal par un mince pédoncule, le large disque interne aurait aisément pu être interprété comme un lobe gonostylaire. En fait, il est totalement indépendant du gonostyle (il ne le suit pas lorsqu'on l'écarte au moyen d'une aiguille fine) ; cette structure est sans nul doute homologue du processus gonocoxal des autres espèces, qui porte les mêmes fortes soies. La condition de *R. discifera* représente une étape très évoluée d'un morphocline qui commence au processus simple de *R. boudinoti* (fig. 59), et se poursuit par le processus mieux individualisé, plus long et plus large, de *R. flavocinerea* (fig. 58). On peut imaginer que l'extrême du morphocline sera représenté par un disque indépendant du synsclérite, et même peut-être secondairement relié au gonostyle. Cette hypothèse devra être prise en compte dans l'établissement des homologies des genitalia mâles des Keroplatidae.

Rutylapa sp.

Deux femelles du Mont Humboldt diffèrent de tous les autres représentants néocalédoniens du genre par leurs ailes jaunes, enfumées à l'apex et le long de la marge antérieure. En l'absence de mâles, je préfère ne pas nommer cette espèce qui, par ses ailes tachées, se rapproche de *R. gressitti*, des Iles Caroline, et de l'espèce inédite de Nouvelle-Guinée. Mont Humboldt, 1 350 m,

piège de Malaise, 20-22.I.1987 (A. & S. TILLIER). MNHN.

Orfeliini, genres indéterminés

J'ai sous les yeux deux femelles à trompe allongée par accroissement des labelles et du postmentum, atteignant presque la hauteur de l'œil. Sans ce caractère, elles se classeraient dans le genre *Xenoplatyura*, dont elles possèdent les soies frontales caractéristiques. Elles proviennent toutes deux de Rivière Bleue (19.XI-4.XII.1985, J. CHAZEAU ; Parc 6, 160 m, forêt humide sur alluvions, 13-28.XI.1986, L. BONNET de LARBOGNE & J. CHAZEAU). MNHN.

Deux autres femelles possèdent un flagelle antennaire réduit à dix flagellomères. Elles se distinguent cependant de *Dimorphelia* par de très nombreux caractères : trompe courte, front nu, scutum portant de larges bandes dénudées, médiotergite nu, latérotergite portant de longues soies dressées, etc. Cette espèce appartient très probablement à un genre inédit ; elle a été récoltée dans la Vallée de la Coulée (166°35'38" E, 22° 10'52" S, bord de rivière, maquis haut sur péridotite, 24.X.1985, Ph. BOUCHET) et à Rivière Bleue (Parc 7, 170 m, forêt humide sur pente, 12-25.XII.1986, L. BONNET de LARBOGNE & CHAZEAU). MNHN.

KEROPLATINAE *Keroplatini*

Cette tribu compte sept genres, dont certains encore inédits, en région australasienne (*cf.* Matile, 1986 b) ; un seul a été découvert en Nouvelle-Calédonie.

Genre Heteropterna SKUSE

Heteropterna SKUSE, 1888 : 1166. Espèce-type : *Heteropterna macleayi* SKUSE, par monotypie.

Ce genre est cosmopolite à prédominance tropicale ; en région australasienne, il n'atteint pas la Nouvelle-Zélande, mais outre l'Australie, d'où il a été décrit, il compte des représentants à Belau, Fiji et Vanuatu (MATILE, 1986 b).

L'espèce nommée formellement ci-dessous a déjà été décrite en détail *in* Matile, 1986 b, travail auquel nous renvoyons pour la description de la larve et les relations phylogénétiques de l'espèce. Elle semble fort répandue en Nouvelle-Calédonie, et j'ai eu sous les yeux de nombreux spécimens non mentionnés dans le travail précédent.

Heteropterna chazeaui n. sp.

Description : (holotype mâle). — Longueur de l'aile 3,5 mm. Tête : occiput brun-noir poudré de gris, calus ocellaire noir. Trois ocelles, le médian punctiforme. Front brun-noir. Antennes : scape

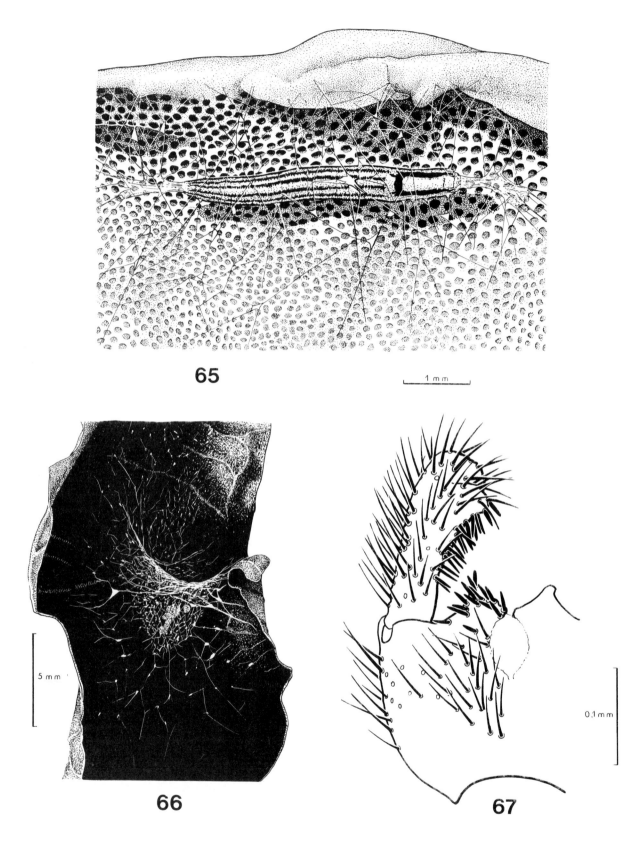

65

1 mm

5 mm

0,1 mm

66   **67**

FIG. 65-67. — *Heteropterna chazeaui* n. sp. 65 : larve III dans sa toile-refuge, sous le polypore *Microporus xanthopus* (Fries) ;
66 : cocon de nymphose sous une feuille morte ; 67 : holotype mâle, synsclérite gonocoxal et gonostyle, moitié gauche,
face ventrale. D'après MATILE, 1986 b.

et pédicelle jaunes, flagelle brun-noir, les flagellomères 1 et 2 jaunis ventralement, les 11-14 jaunes,
le dernier légèrement bruni. Face jaune pâle,
trompe et palpes jaune-roux.

Thorax : prothorax jaune pâle, sauf le proépis-
terne et le proépimère, bruns. Le quart antérieur
du scutum jaune pâle, le reste brun, portant trois
bandes longitudinales jaunes. Scutellum jaune,
bruni à la marge postérieure, pourvu de soies
discales. Médiotergite jaune, zone membraneuse
sous-scutellaire petite, ne dépassant pas le tiers
de la hauteur du médiotergite. Pleures jaunes,
sauf l'anépisterne, la base du katépisterne et les
deux tiers dorsaux du latérotergite, qui sont
bruns.

Pattes : hanches jaunes, les II légèrement
brunies à l'apex, les III largement brunies à la
face externe. Fémur I jaune pâle, II d'un jaune
plus sombre, bruni à la base, III jaune brunâtre,
plus sombre à la base. Tibias jaune, le II et le III
brunis à l'apex, le III plus fortement. Tibia III
régulièrement épaissi de la base vers l'apex.
Éperons jaunes. Tarse I jaune, II-III bruns, les
protarses jaunis à la base et à l'apex, les tarsomères suivants étroitement jaunis à l'apex.

Ailes jaunes, peu distinctement enfumées à la
marge antérieure, deux taches brunes sur l'apex
de Sc et celui de R1, cette dernière tache
s'étendant jusqu'à R4. Balanciers : pédicelle
jaune, capitule brun.

Abdomen : tergite I brun, avec une large tache
triangulaire basale jaune. Tergites II-III jaune
brunâtre, largement jaunis à la base et latéralement, les suivants jaunes à bande apicale brune,
le VII entièrement jaune. Sternite I jaune, II avec
une étroite bande transversale brune postbasale
et une tache allongée préapicale. Sternites III-
IV jaunes avec une petite tache basale brune et
une autre, apicale, plus grande ; sternites V-VII
jaunes à bande apicale brune.

Hypopyge (fig. 67) brunâtre, gonostyles bruns.
Tergite IX hexagonal à angles arrondis, l'apex à
peine encoché par la base des cerques. Zone
membraneuse des gonocoxopodites peu développée, ovale, les soies spiniformes de chaque
côté peu épaissies. Gonostyles divisés seulement
à l'apex, où ils forment deux lobes peu prononcés. De longues soies épaissies, désordonnées,
le long du bord interne.

Allotype femelle semblable à l'holotype, mais
le flagelle antennaire entièrement brun. Bandes
scutales latérales précédées d'une tache jaune

arrondie. Abdomen : tergites uniformément brunâtres, sauf la base du premier. Sternites jaunes,
le VII bruni à l'apex. Cerques bruns, jaunis à la
base.

Variations. — Les derniers flagellomères antennaires sont plus ou moins brunis ; chez certains
paratypes, ils sont jaunes d'un côté, bruns de
l'autre, chez d'autres, le flagelle est uniformément brun. Macules et taches brunes plus ou
moins prononcées.

Matériel-type : holotype mâle, allotype femelle
et six paratypes mâle : Mont Panié, 360 m, 11-
16.XII.1983, piège de Malaise (L. MATILE).
Paratypes : Col d'Amieu, 200 m, *ex larvae*
récoltées le 30.XI.1983, 2 ♀ (L. MATILE) (également débris d'une douzaine d'exemplaires des
deux sexes, éclos entre le 15 et le 17.XII.1983, qui
ne font pas partie de la série type, mais ont
permis de contrôler la conspécificité avec l'holotype) ; Vallée de la Ouinné, 730 m, forêt humide
à Araucarias (st. 128), 27-30.X.1984, 1 ♀ (S.
TILLIER & Ph. BOUCHET) ; Haute Rivière Bleue,
166°37'24" E, 22°34'40" S, 250 m, forêt humide
(st. 243), 11.XI.1984, 1 ♂ (S. TILLIER, Ph.
BOUCHET & M.-P. TRICLOT) ; id., 19.XI-4.XII.
1985, 2 ♂ (J. CHAZEAU) ; Pointe du Cagou, baie
de Neumeni, 30 m, forêt humide sur péridotites
(st. 213), 5-8.XI.1984, 1 ♂ (S. TILLIER & Ph.
BOUCHET) ; Forêt Plate, NW du Katepouenda,
460 m, forêt humide (st. 200), 21-25.X.1984, 2 ♂
(S. TILLIER & Ph. BOUCHET) ; Col d'Amieu,
430 m, forêt humide (st. 116 a), 17.X.1984, 1 ♂
(S. TILLIER & Ph. BOUCHET) ; Pic du Pin, flanc
Est, 250 m, forêt humide sur sol minier (st. 233),
12.XI.1984, 1 ♀ (S. TILLIER & Ph. BOUCHET).
Vallée de la Comboui, env. cote 210 m, 5-8.
XI.1985, 1 ♂, 1♀ (J. CHAZEAU). Rivière Blanche,
4-7.III.1986, 1 ♂ (J. BOUDINOT). Rivière Bleue,
Parc 6, 160 m, forêt humide sur alluvions, 13-
28.X.1986, 2 ♀ (L. BONNET DE LARBOGNE & J.
CHAZEAU). Tous ces paratypes, pris au piège de
Malaise (sauf les deux ♀ d'élevage), au MNHN.

Autres paratypes : Puebo, côte, 1 500 ft,
X.1949, B.M. 1950-1, 1 ♀ (L. E. CHEESMAN),
BMNH ; Nouméa, piège lumineux, 20.II.1963,
1 ♂ (C. YOSHIMOTO & N. KRAUSS), BPBM.

Paedotype : une larve de 25 mm fixée le
2.XII.1983. Le matériel renferme encore plusieurs larves III et IV, ainsi que des exuvies I et
II, et une nymphe endommagée. MNHN.

Localité-type : Mont Panié, 360 m.

Biologie : les larves du genre *Heteropterna* étaient inconnues jusqu'à ce que j'ai pu récolter celles d'*H. chazeaui* et les mener jusqu'à l'éclosion ; les données ci-dessous sont extraites de MATILE, 1986 b. Ces larves vivaient sous des Polypores appartenant à l'espèce *Microporus xanthopus* (FRIES) KUNTZE, Microporaceae très commun sous les tropiques de l'Afrique occidentale à toute la zone Pacifique [2]. Ces champignons étaient nombreux au Col d'Amieu, poussant sur les branches et branchettes tombées à terre.

Les larves tissaient une toile de récolte en nappe et une toile grégaire désorganisée, serrée, à gouttelettes de tailles variées, ainsi qu'une toile-refuge.

En élevage au laboratoire, les toiles ont été retissées individuellement. L'aspect d'une larve dans sa toile-refuge est représenté figure 65. Les larves se tiennent dans leur réseau la face ventrale tournée vers l'hyménium du Polypore. La piste principale, muqueuse, est plus étroite que l'animal et amarrée par des fils rares et fins, dépourvus de gouttelettes ; cette piste atteint environ le double de la longueur de la larve.

Le cocon de nymphose est rudimentaire, et utilise en partie le substrat. L'un des cocons observés en détail a été construit dans le creux d'une feuille morte repliée. Entre ses deux bords, sont d'abord tissés quelques filaments en réseau à mailles très lâches. Au-dessous est constitué un réseau serré, épais, irrégulier, qui manque sur la face formée par la feuille morte, sur laquelle ne se trouvent que quelques filaments. Un autre cocon a été formé sur une feuille moins repliée : il affectait la forme d'un entonnoir très lâche, parsemé de gouttelettes (fig. 66). Là aussi, la partie reposant sur la feuille est recouverte d'un réseau plus lâche, comportant davantage de zones à fils muqueux. La larve est donc capable d'adapter la forme de son cocon de nymphose à celle du substrat, qui n'est pas le Polypore-hôte. Au laboratoire, le cannibalisme peut s'exercer aux dépens des nymphes.

Discussion : j'ai montré (MATILE, 1986 b) que *H. chazeaui* représentait l'espèce-sœur de l'espèce de Vanuatu, et que ce couple était à son tour le groupe-frère du groupe *macleayi* [+].

REMERCIEMENTS

Je renouvelle ici mes remerciements aux autorités de l'ORSTOM pour les facilités (logement, laboratoire, véhicule) accordées à la Mission D. et L. MATILE (novembre-décembre 1983), ainsi qu'à Jean CHAZEAU, de l'ORSTOM, dont je ne saurais dire à quel point son aide fût précieuse sur le terrain.

La seule mission de six semaines effectuée en 1983 n'aurait en aucun cas permis de présenter un travail comme celui-ci, puisque je n'ai récolté durant ce bref séjour que 12 des 33 espèces énumérées. Je suis extrêmement reconnaissant à mes collègues du Muséum, Jacques BOUDINOT, Annie et Simon TILLIER et Philippe BOUCHET [3], ainsi qu'à Jean CHAZEAU et Lydia BONNET DE LARBOGNE, d'avoir bien voulu poser chaque fois qu'ils en ont eu la possibilité des pièges de Malaise dans les localités qu'ils prospectaient. Ces activités, qui ont eu lieu dans le cadre de l'Action Spécifique du Muséum, « Évolution et Vicariance en Nouvelle-Calédonie », et du Programme ORSTOM « Rivière Bleue. Caractéristiques faunistiques des forêts et maquis non anthropisés de Nouvelle-Calédonie » ont augmenté considérablement les récoltes, surtout dans le maquis minier du Sud, que j'avais très peu prospecté en 1983.

Je remercie également le Dr NEAL EVENHUIS

---

2. Je remercie vivement Mme J. PERREAU, du Laboratoire de Cryptogamie du Muséum, qui a bien voulu déterminer ce champignon et me donner ces renseignements.

3. Dans le *Bull. Mus. nat. Hist. nat. Paris*, 4ᵉ sér., **8**, 1986 : 46 (acquisitions du Laboratoire d'Entomologie), un *lapsus* a fâcheusement transformé la Mission TILLIER-BOUCHET en « Mission Tillier-Balouet ». Je prie les intéressés de bien vouloir excuser cette erreur.

et les autorités du Bishop Museum pour la communication de leur matériel néo-calédonien, qui a apporté non seulement des espèces nouvelles, mais les mâles inconnus de deux genres dont je ne connaissais que des femelles ; je leur suis également redevable du prêt d'une collection représentative de Keroplatidae de Nouvelle-Guinée. De même, mon excellent collègue Donald COLLESS m'a beaucoup aidé en me communi-quant les espèces-types de genres endémiques de la région autralasienne.

Je suis enfin reconnaissant à M. Gilbert HODE-BERT, dessinateur au Laboratoire d'Entomologie du Muséum, pour l'excellente réalisation des figures 6-13 et 65-67, et à Mme Marcelle LACAISSE, qui a assuré avec beaucoup de patience le montage *ex alcohol* d'un nombreux matériel de Mycetophiloidea néo-calédoniens.

RÉFÉRENCES BIBLIOGRAPHIQUES

BELKIN, J. N. — *The mosquitoes of the South Pacific (Diptera, Culicidae)*. University of California Press, Berkeley & Los Angeles, vol. 1, 608 pp.

COLLESS, D. H., 1966. — Diptera : Mycetophilidae. *Insects Micronesia*, **12** : 637-667.

CURTIS, J., 1837. — *British entomology ; being illustrations and descriptions of the genera of insects found in Great Britain and Ireland : containing coloured figures from nature of the most rare and beautiful species, and in many instances of the plants upon which they are found* 14, [3] + plates 626-673. Londres, publié par l'auteur.

EDWARDS, F. W., 1925. — British Fungus-Gnats (Diptera, Mycetophilidae). With a revised Generic Classification of the Family. *Trans. entomol. Soc. London*, 1924 (1925) : 505-670, pl. 49-61.

EDWARDS, F. W., 1929. — Notes on the Ceroplatinae, with descriptions of new Australian species (Diptera, Mycetophilidae). *Proc. Linn. Soc. N. S. W.*, **54** : 162-175.

EDWARDS, F. W., 1941. — Notes on British fungus-gnats (Diptera, Mycetophilidae). *Entomol. Mon. Mag.*, **77** : 21-32, 67-82.

GRESSITT, J. L., 1961. — Problems in the zoogeography of the Pacific and Antarctic insects. *Pac. Insects. Monogr.*, **2** : 1-94.

HARDY, D. E., 1960. — Diptera : Nematocera-Brachycera (except Dolichopodidae). *Insects of Hawaii*, *10* : vii + 368 pp.

HOLLOWAY, J. D., 1979. — A survey of the Lepidoptera, biogeography and ecology of New Caledonia. *Ser. Entomol.*, **15** : xii + 1-588 pp, 153 fig., 87 pl.

LANE, J., 1959. — Note on neotropical 'Mycetophilidae' (Diptera, Nematocera). *Rev. Bras. Biol.*, **19** (2) : 183-190.

MACKERRAS, I. M. & J. RAGEAU, 1958. — Tabanidae (Diptera) du Pacifique Sud. *Ann. Parasitol. Hum. Comp.*, **33** (5-6) : 671-742, 15 fig., 1 tabl.

MALLOCH, J. R., 1928. — Notes on Australian Diptera. N° 17. *Proc. Linn. Soc. N. S. W.*, **53** : 598-617.

MATILE, L., 1977. — Keroplatinae de Madagascar (Diptera : Mycetophilidae). *Ann. Natal. Mus.*, **23** (1) : 23-26.

MATILE, L., 1978. — Révision des *Truplaya* afrotropicaux (Diptera, Mycetophilidae). *Ann. Soc. Entomol. Fr.* (N S.), **14** (3) : 451-477.

MATILE, L., 1981. — A new Australian genus of Keroplatinae with pectinate antennae (Diptera : Mycetophiloidea). *J. Aust. Entomol. Soc.*, **20** : 207-212.

MATILE, L., 1986 a. — Diptères *Mycetophiloidea* de Nouvelle-Calédonie. I. *Lygistorrhinidae*. *Ann. Soc. Entomol. Fr.* (N. S), **22** (2) : 286-288, 1 fig.

MATILE, L., 1986 b. — *Recherches sur la systématique et l'évolution des Keroplatidae (Diptera, Mycetophiloidea)*. Thèse de Doctorat d'État, Paris, Muséum national d'Histoire naturelle et Université Pierre et Marie Curie, [5] + (12) + xxxi + 913 pp., 215 fig. dans le texte, 273 pl.

MEIGEN, J. W., 1803. — Versuch einer neuen Gattengseintheilung des europaïschen zweiflügeligen Insekten. *Magazin Insektenk. (Illiger)*, **2** : 259-281.

MUNROE, E., 1965. — Zoogeography of insects and allied groups. *Ann. Rev. Ent., Palo Alto*, **10** : 325-344.

MUNROE, D. D., 1974. — The systematics, phylogeny, and zoogeography of *Synmerus* Walker and *Australosymmerus* Freeman (Diptera : Mycetophilidae : Ditomyiinae). *Mem. Entomol. Soc. Can.*, **92** : 1-183, 78 fig.

SKUSE, F. A. A., 1888. — Diptera of Australia. Part 3. The Mycetophilidae. *Proc. Linn. Soc. N. S. W.*, **3** : 1 123-1 222.

SKUSE, F. A. A., 1890. — Diptera of Australia. Supplement 2. *Proc. Linn. Soc. N. S. W.*, **5** : 595-640.

TONNOIR, A. L., 1929. — Australian Mycetophilidae. Synopsis of the genera. *Proc. Linn. Soc. N. S. W.,* **54** : 584-614.

TONNOIR, A. L. & EDWARDS, F. W., 1927. — New Zealand fungus gnats (Diptera, Mycetophilidae). *Trans. N. Z. Inst.,* **57** : 747-878, pl. 58-80.

TUOMIKOSKI, R., 1966. — Generic taxonomy of the *Exechiini* (Dipt. Mycetophilidae). *Suom. Hyönteisteit.* Aikak, Ann. Entomol. Fenn. **32** (2) : 159-194.

Diptères Mycetophiloidea de Nouvelle-Calédonie
3. Ditomyiidae [2]

Loïc MATILE

Muséum national d'Histoire naturelle
Laboratoire d'Entomologie, CNRS UA 42
45, rue Buffon
75005 Paris

RÉSUMÉ

Les Ditomyiidae de Nouvelle-Calédonie sont étudiés pour la première fois. Trois espèces endémiques sont décrites dans le genre *Nervijuncta*, à répartition typiquement transantarctique. Elles ont des affinités étroites avec des espèces néo-zélandaises.

ABSTRACT

The Ditomyiidae of New Caledonia are studied for the first time. Three endemic species are described in the genus *Nervijuncta*, the distribution of which is typically transantarctic. They are closely allied to New Zealand species.

1. Voir II. dans ce même volume pp. 89-135.

MATILE, L., 1988. — Diptères Mycetophiloidea de Nouvelle-Calédonie. 3. Ditomyiidae. *In* : S. TILLIER (ed.), Zoologia Neocaledonica, Volume 1. *Mém. Mus. natn. Hist. nat.*, (A), **142** : 137-141. Paris ISBN : 2-85653-163-6

Les Ditomyiidae forment une petite famille cosmopolite (mais absente de la région afrotropicale) renfermant huit genres et moins d'une centaine d'espèces. Ils sont bien représentés dans la région australasienne, où ils comprennent deux genres, *Australosymmerus* et *Nervijuncta*, et 33 espèces. Ces deux genres ont une répartition typiquement transantarctique, englobant l'Australie, la Nouvelle-Zélande et la sous-région chilienne (avec des extensions jusqu'au Mexique). MUNROE (1974) assigne aux *Australosymmerus* un *terminus post quem non* antérieur à la séparation de la Nouvelle-Zélande du reste du Gondwana, soit le Crétacé inférieur. Seuls les Ditomyiidae de ce genre et du genre *Symmerus*

ont fait l'objet d'une analyse phylogénétique, mais si *Nervijuncta* constitue bien un groupe monophylétique, sa répartition indique une antiquité comparable.

En ce qui concerne la région australasienne, les deux genres étaient jusqu'ici connus de Nouvelle-Zélande, l'Australie ne possédant que des espèces d'*Australosymmerus*. Les Ditomyiidae d'Australie peuvent être identifiés grâce aux travaux de COLLESS (1970) et de MUNROE (1974) ; pour la Nouvelle-Zélande, on ne dispose que de la monographie de TONNOIR & EDWARDS (1927). Le matériel de Nouvelle-Calédonie comprend trois espèces appartenant au genre *Nervijuncta*. Elles se sépareront de la manière suivante :

CLÉ DES DITOMYIIDAE DE NOUVELLE-CALÉDONIE

1. — Bande apicale claire de l'aile englobant la base de la petite nervure radiale (R4). Balanciers jaunes. Mâle : appendice gonocoxal dorsal court et ovoïde ; gonostyles simples, allongés et pointus à l'apex (fig. 1-2) 2
 — Bande apicale claire de l'aile n'atteignant pas la base de R4. Balanciers à capitule brun. Mâle : appendice gonocoxal dorsal mince et allongé : gonostyles larges, trapus et arrondis à l'apex (fig. 3) .... *N. evenhuisi*

2. — Occiput, front, face, palpes et pièces buccales jaune-roux. Fémur III avec un anneau brun préapical étroit ; hanches II étroitement brunies à l'apex. Mâle : gonostyle relativement court (fig. 1)..................... *N. concinna*
 — Occiput, front, face, palpes et pièces buccales bruns. Fémur III avec un anneau apical couvrant presque la moitié de la longueur du fémur ; hanches II plus largement tachées. Mâle : gonostyle plus long, plus pointu à l'apex (fig. 2)........................ *N. vicina*

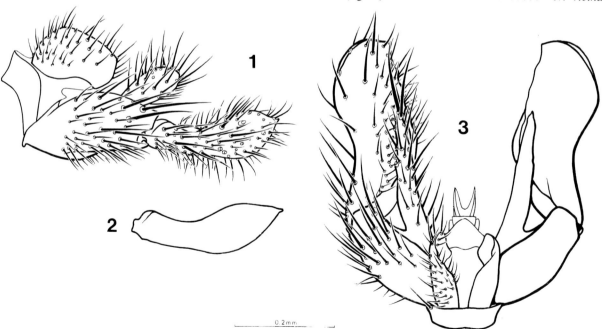

0.2 mm

FIG. 1-3. — Genitalia mâles des *Nervijuncta*, holotypes. — 1 : *N. concinna* n. sp., hypopyge, vue latérale ; 2 : *N. vicina* n. sp., contours du gonostyle, vue latérale ; 3 : *N. evenhuisi*, hypopyge, vue dorsale.

ÉTUDES DES ESPÈCES

Nervijuncta concinna n. sp.

Description : (holotype mâle). — Longueur de l'aile : 4 mm. Tête : occiput roux, plus foncé en arrière des calus ocellaires, ceux-ci brun-noir. Ocelle médian environ moitié du diamètre des externes. Pont oculaire large de 3 (sur la ligne médiane) à 5 ommatidies. Front roux. Antennes jaune-roux, le flagelle filiforme. Face jaune-roux, brunâtre dorsalement ; pièces buccales et palpes jaune-roux.

Thorax : prothorax jaune. Scutum jaune blanchâtre, presque entièrement occupé par trois larges bandes brunes cohérentes, les externes interrompues au quart antérieur, la médiane complète mais jaune sur le quart antérieur. Scutellum brun, quatre longues scutellaires apicales. Médiotergite jaune, marqué de deux larges taches latérodorsales brunes. Pleures divisées longitudinalement en une bande dorsale jaune et une bande ventrale brun luisant.

Pattes (II brisées après les hanches) : hanches jaunes, l'apex de la II faiblement et étroitement bruni, celui de la III plus fortement et plus largement. Fémurs jaunes, le III orné d'un large anneau basal brun et d'un pré-apical plus étroit. Tibias et tarses jaunes, le tibia III nettement bruni à l'apex.

Ailes grises tachées de brun : tout l'apex, du niveau d'un peu avant le milieu de R4 à la marge postérieure en incluant la totalité de la fourche antérieure ; une large bande postmédiane du niveau de l'apex au tiers externe de R1 et jusqu'à la fourche postérieure ; une tache brune sur la base de Rs et une trace dans la cellule anale. Membrane alaire dépourvue de macrotriches dans toute la moitié basale. Sous-costale évanescente à l'apex, mais distinctement prolongée après le niveau de la base de Rs. Fusion radiomédiane courte. Pétiole de la fourche antérieure entier, mais par contre M4 distinctement affaiblie à la base. Anale interrompue au niveau de la base de frm. Balanciers jaunes.

Abdomen : tergite I jaune, largement bruni aux marges latérales. Tergites suivants annelés de brun (à la base) et de jaune, le brun gagnant progressivement sur le jaune. Sternites I-II jaunes, les suivants d'abord étroitement, puis largement, tachés de brun à la base.

Hypopyge (fig. 1) brunâtre, le tergite IX jaune à la base, les cerques jaunes. Lobe gonocoxal court et ovale, gonostyle allongé, mucroné à l'apex, muni d'un large lobe interne obtus.

Matériel-type : holotype mâle : Mont Mou, Station 131 a, 166°19'46" E, 22°04'28" S, 350 m, forêt humide, piège de Malaise, 4.XI.1984 (S. TILLIER & Ph. BOUCHET). MNHN.

Localité-type : Mont Mou, 350 m.

Discussion : cette espèce est très étroitement alliée à la suivante, et probablement à *N. nigrescens* Marshall, de Nouvelle-Zélande, du moins si l'on peut se fier à l'ornementation thoracique, notamment pleurale. *N. nigrescens* est en effet la seule espèce du genre partageant avec *N. concinna* (et les deux autres espèces de Nouvelle-Calédonie) les deux bandes pleurales horizontales si caractéristiques. Les genitalia mâles de *N. nigrescens* (*cf.* fig. 136, *in* TONNOIR & EDWARDS, 1927) sont de forme très semblable à ceux de *N. concinna* et de l'espèce suivante, mais il faut noter qu'il s'agit d'un type relativement plésiomorphe pour le genre.

Nervijuncta vicina n. sp.

Description : (holotype mâle). — Longueur de l'aile : 3,5 mm. Semblable à *N. concinna*, mais occiput, antennes, front, pièces buccales et palpes bruns. Bande scutale médiane brune (et non jaune) dans le quart antérieur. Bande pleurale d'un brun moins soutenu, mat. Hanche II presque aussi largement tachée à l'apex que la III. Coloration brune de l'aile plus prononcée. Deuxième anneau du fémur III en position apicale, et non préapicale, et occupant près de la moitié de la longueur du fémur.

Hypopyge : gonostyle proportionnellement plus allongé (fig. 2).

Allotype femelle semblable au mâle. Premier article des cerques jaune, deuxième orangé.

Matériel-type : holotype mâle : Monts Koghis, 200-400 m, I.1969 (N. L. H. KRAUSS). Allotype femelle : id., 500 m, piège de Malaise, 4.XII.1963 (R. STRAATMAN). Paratype ♀ : id., 500 m, 23-27.VIII.1967 (M. SEDLACEK). Holotype et allotype au Bishop Museum ; paratype au Muséum national d'Histoire naturelle, Paris.

Localité-type : Monts Khogis, 200-400 m.

Discussion : comme on l'a dit plus haut, l'espèce appartient au groupe *nigrescens-concinna*.

Nervijuncta evenhuisi n. sp.

Description : (holotype mâle). — Longueur de l'aile : 3,1 mm. Tête : occiput brun, calus ocellaires brun-noir. Ocelle médian égal à environ la moitié des externes. Front brun. Antenne brun jaunâtre, le scape et le pédicelle un peu plus sombres. Face et clypéus bruns, pièces buccales jaunes, palpes jaune brunâtre.

Thorax : prothorax jaune. Scutum comme chez les espèces précédentes, les bandes longitudinales orangé brunâtre, le quart antérieur de la bande médiane orangé. Scutellum orangé brunâtre, quatre longues scutellaires marginales ; médiotergite brunâtre, plus clair ventralement. Pleures portant deux bandes longitudinales, la dorsale jaune, la ventrale brune, comme chez les espèces précédentes.

Pattes : hanches jaunes, seule la III légèrement brunie à l'apex. Fémurs jaunes, le III bruni à la base et sur presque toute la moitié apicale. Tibias jaunes, le III étroitement mais fortement bruni à l'apex. Tarses jaune brunâtre.

Ailes grises dans la moitié basale, sauf une faible tache brune sur Rs et une trace dans la cellule anale. Moitié apicale brune, sauf une bande verticale irrégulière grise allant de la costale à la marge postérieure, au niveau de l'espace compris entre l'apex de R1 et la base de R4, qu'elle n'atteint pas. Moitié basale sans macrotriches sur la membrane. Sc évanescente à l'apex, ne dépassant pas le niveau de la base de Rs. Fusion radiomédiane courte, base du pétiole de la fourche antérieure et base de M4 faibles, mais non effacées. Anale se terminant après le niveau de la base de frm. Balanciers : pédicelle jaune, capitule brun.

Abdomen : tergites bruns, étroitement annelés de jaune à la marge apicale. Sternites jaunes.

Hypopyge (fig. 3) brun, le tergite IX étroitement jauni à la base. Lobe gonocoxal dorsal long et mince. Gonostyle trapu, arrondi à l'apex, divisé en deux lames dorso-ventrales.

Variations : le paratype est dans l'ensemble plus sombre. Hanches II tachées à l'apex.

Matériel-type : holotype mâle : Mont Khogi, piège de Malaise, 27.I.1963 (C. YOSHIMOTO & N. KRAUSS). Un paratype ♂ : Mont Khogi, 500 m, piège de Malaise, 2.XII.1963 (R. STRAATMAN). Holotype au Bishop Museum, paratype au Muséum national d'Histoire naturelle, Paris.

Localité-type : Mont Khogi.

Discussion : sur le plan de la structure de l'hypopyge, cette espèce semble proche de *N. bicolor* EDWARDS, de Nouvelle-Zélande, mais elle s'en distingue notamment par la présence de bandes scutales, les pleures bicolores, les deux paires de soies scutellaires et le pont oculaire étroit au milieu.

REMARQUES

Si l'ornementation thoracique des espèces néo-calédoniennes représente bien pour elles une synapomorphie, et qu'elles forment donc toutes trois, avec *N. nigrescens*, un groupe monophylétique, il faut admettre que l'absence de bandes pleurales chez *N. bicolor* est secondaire, ou que la ressemblance des genitalia de cette espèce et de *N. evenhuisi* est le fruit de la convergence ou de la plésiomorphie.

Il est également intéressant de noter que les

deux espèces néotropicales du genre, ainsi que certaines espèces de Nouvelle-Zélande, possèdent comme *N. evenhuisi* des gonostyles divisés en deux dans le sens dorso-ventral. Ce caractère indubitablement apomorphe (MATILE, 1986) indique la possibilité de reconnaître sur cette base un groupe monophylétique transantarctique ... auquel cas l'ornementation thoracique particulière du groupe *nigrescens* serait apparue à deux reprises et les espèces néo-calédoniennes descendraient de deux espèces ancestrales non étroitement apparentées.

Ces problèmes ne peuvent être résolus que par une analyse phylogénétique du genre, que je ne suis pas en mesure d'entamer actuellement. Quoi qu'il en soit, les espèces néo-calédoniennes paraissent plus étroitement apparentées aux espèces néo-zélandaises qu'aux espèces chiliennes, contrairement à ce qui a été noté pour *Australosymmerus* par COLLESS (1970) et MUNROE (1974). Ces auteurs relèvent en effet que les espèces australiennes d'*Australosymmerus* semblent plus étroitement apparentées aux espèces patagoniennes qu'aux néo-zélandaises.

REMERCIEMENTS

Je suis très reconnaissant à mes collègues et amis malacologistes du Muséum, Simon TILLIER et Philippe BOUCHET, qui ont récolté l'unique exemplaire de *Nervijuncta concinna*. Je remercie vivement le Dr Neal EVENHUIS d'avoir mis à ma disposition le matériel de Ditomyiidae du Bishop Museum, ce qui m'a permis de décrire deux espèces supplémentaires, dont des paratypes ont été aimablement donnés au Muséum.

RÉFÉRENCES BIBLIOGRAPHIQUES

COLLESS, D. H., 1970.— The Mycetophilidae (Diptera) of Australia. Part. 1. Introduction, key to the subfamilies, and review of Ditomyiinae. *J. Aust. Entomol. Soc.*, **9** : 83-99.

MATILLE, L., 1986. — Recherches sur la systématique et l'évolution des Keroplatidae (Diptera Mycetophiloidea). Thèse de Doctorat d'État, Paris, Muséum national d'Histoire naturelle et Université Pierre et Marie Curie, [5] + 2 + (12) + xxxi + 913 pp. 215 fig. dans le texte, 273 pl.

MUNROE, D. D., 1974. — The systematics, phylogeny, and zoogeography of *Symmerus* Walker and *Australosymmerus* Freeman (Diptera : Mycetophilidae : Ditomyiinae). *Mem. Entomol Soc. Can.*, **92** : 1-183.

TONNOIR, A. L. & EDWARDS F. W., 1927. — New Zealand fungus gnats (Diptera, Mycetophilidae). *Trans. N. Z. Inst.*, **57** : 747-878, pl. 58-80.

Diptères Drosophilidae de Nouvelle-Calédonie
1. *Drosophila* : sous-genres *Drosophila* et *Sophophora*

Léonidas TSACAS *, **
Marie-Thérèse CHASSAGNARD **

* Muséum national d'Histoire naturelle
Laboratoire d'Entomologie
45, rue Buffon
75005 Paris

** CNRS
Laboratoire de Biologie
et Génétique Évolutives
91198 Gif-sur-Yvette

RÉSUMÉ

Les sous-genres *Drosophila* et *Sophophora* sont représentés par 11 espèces en Nouvelle-Calédonie. Deux nouvelles espèces sont décrites : *D. (Sophophora) kanaka* Tsacas n. sp. et *D. (S.) levii* Tsacas n. sp. du groupe *melanogaster*, sous-groupe *fiscusphila*.

ABSTRACT

In New Caledonia, the subgenera *Drosophila (Drosophila)* and *D. (Sophophora)* include eleven species. Two of them, which belong to the *melanogaster* group, subgroup *ficusphila*, are new : *D. (S.) kanaka* Tsacas n. sp. and *D. (S.) levii* Tsacas n. sp.

TSACAS, L. & CHASSAGNARD, M.-T., 1988. — Diptères Drosophilidae de Nouvelle-Calédonie. 1. *Drosophila* : sous-genres *Drosophila* et *Sophophora*. *In* : S. TILLIER (ed.), Zoologia Neocaledonica, Volume 1. *Mém. Mus. natn. Hist. nat.*, (A), **142** : 143-154. Paris ISBN : 2-85653-163-6

Nos connaissances sur la faune des Drosophilidae de Nouvelle-Calédonie sont quasiment nulles, comme d'ailleurs pour l'ensemble de la Mélanésie (HARDY & KANESHIRO, 1981). Les mêmes auteurs considèrent cependant que dans les principales îles de la Mélanésie doit exister « an abundance of endemics ». Plus récemment, OKADA (1983) signale de Nouvelle-Calédonie six espèces du genre Drosophila : D. (Sophophora) ananassae DOLESCHALL, D. (So.) bipectinata DUDA, D. (So.) kikkawai BURLA, D. (So.) melanogaster MEIGEN, D. (So.) simulans STURTEVANT et D. (Scaptodrosophila) bryani MALLOCH. Depuis quelques années, grâce aux récoltes de Loïc MATILE en 1983, et celles des chercheurs de l'ORSTOM et du Muséum de Paris, un matériel assez important est accumulé qui permet une première approche faunistique des Drosophilidae de Nouvelle-Calédonie. Dans la présente note sont donnés les résultats de l'étude de deux sous-genres du genre Drosophila : Drosophila et Sophophora. L'étude du sous-genre Scaptodrosophila qui est le plus riche en individus et en espèces, suivra immédiatement.

Tout le matériel qui a servi à cette étude, y compris les types, est déposé au Muséum national d'Histoire naturelle, à Paris.

L'abréviation suivante a été utilisée : MIS. D. & L. M. pour Mission D. et L. MATILE, Nov.-Déc. 1983.

Genre *Drosophila*

Sous-genre *Drosophila*

Le sous-genre *Drosophila* est très peu représenté dans la région du Pacifique, hormis les îles Hawaii. Cependant, les quelques espèces que l'on y rencontre appartiennent au groupe *immigrans*, à l'exception de *D. persicae* BOCK & PARSONS de l'Australie (HARDY & KANESHIRO, 1981). Les deux espèces qui habitent la Nouvelle-Calédonie appartiennent également à ce groupe.

Groupe *immigrans*

Sous-groupe *nasuta*

Les espèces de ce sous-groupe, révisées par WHEELER (*in* WILSON *et al.*, 1969), sont très difficiles à déterminer sur des individus piqués ou conservés dans l'alcool, plusieurs espèces ne présentent que de minimes différences dans la structure des genitalia. Les deux espèces de Nouvelle-Calédonie appartiennent au sous-groupe *nasuta*, qui est largement répandu dans les îles du Pacifique. Il est remarquable de signaler que, de toutes les îles environnantes qui hébergent des espèces de ce sous-genre (Hawaii, Samoa, Fiji, Tonga, Niue, Palmyra, Ponape, Guam), y compris l'Australie et la Nouvelle-Guinée, la Nouvelle-Calédonie est la seule île où deux espèces du sous-groupe cohabitent.

Drosophila (s. str.) sulfurigaster bilimbata BEZZI, 1928

Matériel examiné : 1 ♂, Paita, 8.II.1979 (P. FAURAN).

Répartition géographique : Line Islands : Palmyra ; Samoa : Tutuila, Savaii, Upolu ; Tonga : Tongatapu ; Niue Island ; Hawaii : Oahu, Maui, Hawaii ; Fiji : Viti Levu ; Marianes Islands : Guam (KITAGAWA *et al.*, 1982). Nouvelle-Calédonie, nouvelle localité (fig. 1).

Drosophila (s. str.) pallidifrons Wheeler, in WILSON *et al.*, 1969

Matériel examiné : 1 ♂ : Mont Panié, forêt, 260-360 m., 11.XII.83. 1 ♂, 1 ♀ : Forêt de la Thi, 150-250 m., 28.XI.83. 1 ♀ : Route du Col d'Amieu, 200 m., 30.XI.83. 1 ♀ : env. Yaté, forêt côtière, bords ruisseau, 8.XII.83. 1 ♂ : Creek de Pierra (La Foa), 130 m., 4.XII.83 (MIS. D. & L. M.). 3 ♂♂, 2 ♀♀ : Rivière Bleue, Parc 5, 150 m., forêt sur alluvion, piège Malaise, 18.VII-1.VIII.86 ; 1 ♂, 5 ♀♀ : mêmes indications sauf date 14.VIII-1.IX.86 (L. BONNET de LARBOGNE, J. CHAZEAU & A. & S. TILLIER) ; 3 ♀♀ : mêmes indications mais 4-18.VII.86 (L. BONNET de LARBOGNE & J. CHAZEAU).

Répartition géographique : Caroline Islands : Ponape. Nouvelle-Calédonie, nouvelle localité (fig. 1).

Sous-genre *Sophophora*

Toutes les espèces du sous-genre *Sophophora* vivant en Nouvelle-Calédonie appartiennent au

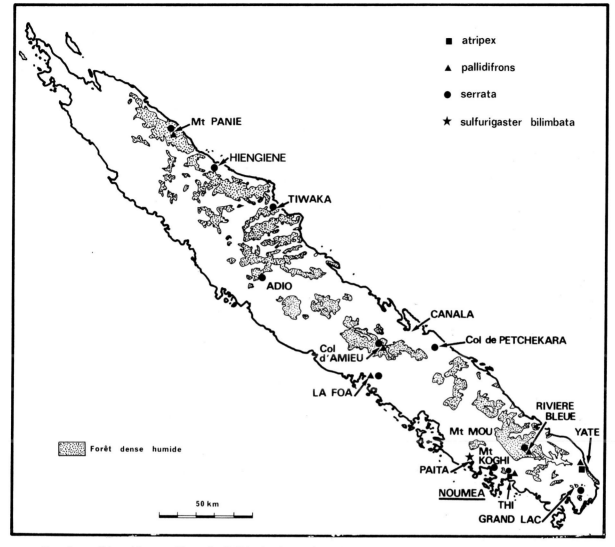

FIG. 1. — Répartition en Nouvelle-Calédonie des espèces des sous-genres *Drosophila s. str.* et *Sophophora*.

groupe *melanogaster*, comme c'est le cas pour les régions orientale et australasienne, à l'exception de l'Australie qui héberge le groupe monospécifique *D. dispar* et trois autres espèces non groupées.

Groupe *melanogaster*

Sous-groupe *ananassae*

Drosophila (Sophophora) ananassae
DOLESCHALL, 1858

Matériel examiné : nombreux ♂♂ et ♀♀ de diverses localités.

Répartition géographique : circumtropicale.

Drosophila (Sophophora) atripex
BOCK & WHEELER, 1972

Matériel examiné : 1 ♂ : Forêt de la Thi, 250 m., bord ruisseau, 7-XII.83. 2 ♀♀ : même localité mais 28.XI.83. 1 ♂ : Env. Yaté, Rt Côtière, bords ruisseau, 8.XII.83 (Mis. D. & L. M.).

Répartition géographique : Thailande, Singapour, Philippines, Bornéo, Célèbes, Nouvelle-Calédonie, (fig. 1) (les remarques de McEVEY *et al.*, 1987 concernent ce même matériel).

Discussion : la présence de *D. atripex* en Nouvelle-Calédonie est très importante ; en effet cette espèce n'était connue jusqu'à maintenant que de la région orientale, où elle est largement répandue. Elle n'a été signalée ni de Nouvelle-Guinée ni de l'Australie et des îles environnantes. Ainsi sa présence en Nouvelle-Calédonie est difficile à comprendre.

Le complexe *ananassae*, auquel elle appartient, contient 10 espèces qui se répartissent comme indiqué dans le tableau I. On constate à l'examen de ce tableau qu'aucune espèce ne chevauchait deux régions biogéographiques avant la découverte de *D. atripex* en Nouvelle-Calédonie. L'obtention d'une souche d'*atripex* de cette île permettra une étude plus approfondie de cette population et montrera si, oui ou non, on est en présence d'un cas analogue à celui que McEvey *et al.* (1987) ont mis en évidence concernant les espèces *D. ananassae, D. pallidosa* BOCK & WHEELER et *D. monieri* McEVEY & TSACAS.

TABLEAU I

Répartition du complexe *ananassae*
avant la découverte de *D. atripex* en Nouvelle-Calédonie

Espèce	Région			Localités
	Afrotropicale	Orientale	Australasienne	
ananassae DOLESCHALL	+	+	+	Circumtropicale
atripex BOCK & WHEELER	−	+	−	Large répartition
cornixa TAKADA, MOMMA & SHIMA	−	+	−	Bornéo
ironensis BOCK & PARSONS	−	−	+	Australie
lachaisei TSACAS	+	−	−	Afrique
monieri McEVEY & TSACAS	−	−	+	Tahiti
nesoetes BOCK & WHEELER	−	−	+	Caroline Is.
pallidosa BOCK & WHEELER	−	−	+	Fiji, Samoa
phaeopleura BOCK & WHEELER	−	−	+	Fiji
varians BOCK & WHEELER	−	−	+	Philippines
Total	2	3	7	
sauf *ananassae*	1	2	6	

Drosophila (Sophophora) bipectinata
DUDA, 1923

Quelques individus ♂♂ et ♀♀ sans localité précise, ni date de récolte, sont arrivés au Laboratoire de Gif. Une souche a ainsi été obtenue.

Répartition géographique : largement répandue dans les régions orientale et australasienne, Nouvelle-Calédonie.

Sous-groupe *ficusphila*

Le sous-groupe *ficusphila* ne contenait jusqu'à présent que trois espèces (LEMEUNIER *et al.,* 1986) : *D. ficusphila* KIKKAWA & PENG, large-ment répandue dans la région orientale, *D. smithersi* BOCK, du Queensland (Australie) et *D. gorokaensis* OKADA & CARSON, de Nouvelle-Guinée. Les deux nouvelles espèces décrites ici sont endémiques de Nouvelle-Calédonie. Elles sont caractérisées par leurs peignes sexuels plus longs que chez les trois autres espèces ; seule *D. ficusphila* possède des peignes d'une longueur comparable, quoique plus courts, surtout celui du 2e article.

Du point de vue de leur genitalia, *D. levii* n. sp. semble se rapprocher de *D. gorokaensis*, tandis que *D. kanaka* n. sp., tout en restant proche de *levii*, se différencie nettement des trois espèces non calédoniennes. Ainsi, *levii* paraît plus proche de *gorokaensis* par ses genitalia et de *ficusphila* par le nombre de dents de ses peignes sexuels.

Clé de détermination des espèces du sous-groupe ficusphila

1. — 8 rangées de soies acrosticales ; joue : un dixième, ou moins, du grand axe de l'œil ; indice costal de l'aile moins de 2,3 2
   — 6 rangées de soies acrosticales ; joue linéaire moins large qu'un quinzième du grand axe de l'œil ; indice costale de l'aile = 2,4 4
2. — 3ᵉ article antennaire de couleur orangé ; soies scutellaires antérieures aussi longues que les postérieures, a:p = 1,0 ; indice costal de l'aile 2,3. Genitalia, fig. 2 A-C, in OKADA & CARSON (1982) . . . . . *gorokaensis* OKADA & CARSON
   — 3ᵉ article antennaire de couleur brun roux ou brune ; soies scutellaires antérieures plus courtes que les postérieures, a:p = 0,5 à 0,9; indice costal de l'aile ne dépassant pas 2,0 3
3. — Peignes sexuels, protarse : 19 dents, deuxième article : 14 dents; soies scutellaires antérieures très courtes, a:p = 0,5. Genitalia fig. 55-56, in BOCK & WHEELER (1972) . . *smithersi* BOCK
   — Peignes sexuels, protarse : 19 à 25 dents, deuxième article : 16 à 18 dents ; soies scutellaires antérieures plus longues, a:p = 0,9. Genitalia fig. 52, in OKADA (1954) . . . .
   . . . . *ficusphila* KIKKAWA & PENG
4. — Peignes sexuels très longs, protarse : 37 dents, deuxième article : 32 dents. Genitalia, fig. 2-8 . . . . *kanaka* n. sp.
   — Peignes sexuels moins longs, protarse : 29 dents, deuxième article : 26 dents. Genitalia, fig. 10-16 . . . . *levii* n. sp.

Drosophila (Sophophora) kanaka Tsacas n. sp.
(fig. 2-8)

Espèce se différenciant de toutes les espèces du sous-groupe par ses genitalia.

Description : ♂. Tête : front brunâtre avec une large bande antérieure d'un jaune orange. Largeur de la tête : largeur du front = 2 ; largeur : hauteur du front = 1,3. Triangle ocellaire brun, large à la base. Orbites luisantes, brunes et longues, atteignant presque la bande claire antérieure du front. Soies orbitales, or1:or2 = 2, or1:or3 = 0,9, or2 plus près de or1. Soies

postverticales légèrement croisées. Antennes : second article d'un orangé brunâtre, troisième article gris brun; arista avec 4 à 5 cils supérieurs et 3 cils inférieurs en plus de la fourche terminale. Face brune avec une pruinosité grise sur les côtés et le péristome. Carène étroite et longue. Palpes jaunes avec une longue soie préapicale. Deux soies orales, la deuxième égale aux trois quarts de la première. Joues jaunes, rembrunies sur l'angle postérieur et étroites, o:j = 17,3. Yeux d'un rouge sombre.

Mésonotum d'un brun luisant avec 6 rangées d'ac. Deux paires de dc. Scutellum de même couleur que le mésonotum, soies scutellaires antérieures à peine convergentes, postérieures croisées, a:p = 0,8. Pleures dans la moitié supérieure de même couleur que le mésonotum, clairs dans la partie inférieure, indice des sternopleurales = 0,7. Ailes hyalines, grisâtres, nervures brunes. Indices, longueur : largeur = 2,5 ; c = 2,4 ; 4v = 2,3 ; 4c = 1,3 ; 5x = 2,25 ; ac = 3,0 ; frange de c3 = 63 %. Balanciers jaune blanchâtre. Pattes jaunes, coxas des pattes antérieures jaune très clair. Peignes sexuels des tarses antérieurs longs, typiques du sous-groupe *ficusphila* ; nombre des dents : 1ᵉʳ article : 37, 2ᵉ article : 32 ; la rangée de longues dents en arrière des peignes est constituée de 3-5 dents pour le 1ᵉʳ article et de 2-4 pour le second.

Abdomen noir luisant avec sur les quatre premiers tergites une bande antérieure claire qui diminue légèrement du tergite I au tergite IV, laissant une bande latérale noire qui au contraire s'élargit du tergite I au IV ; tergite V entièrement noir.

Organes périphalliques, de même couleur que le dernier tergite. Epandrium étroit très allongé avec une touffe de fortes et courtes soies apicales, tout le long du bord postérieur de très longues et fortes soies dirigées postérieurement. Plaques anales proéminentes et semi-circulaires en vue latérale. Epandrium et plaques anales sans fine pilosité. Forceps petits et étroits avec quelques courtes et fortes soies.

Organes phalliques. Hypandrium étroit, très largement échancré dans sa partie médiane portant deux courtes soies submédianes espacées l'une de l'autre. Phallus à extrémité glabre avec un processus basal ventral, en vue ventrale fusiforme et élargi dans sa moitié basale, le bord antéro-basal porte une ornemention en forme d'épines ; en vue latérale étroit, l'extrémité légè-

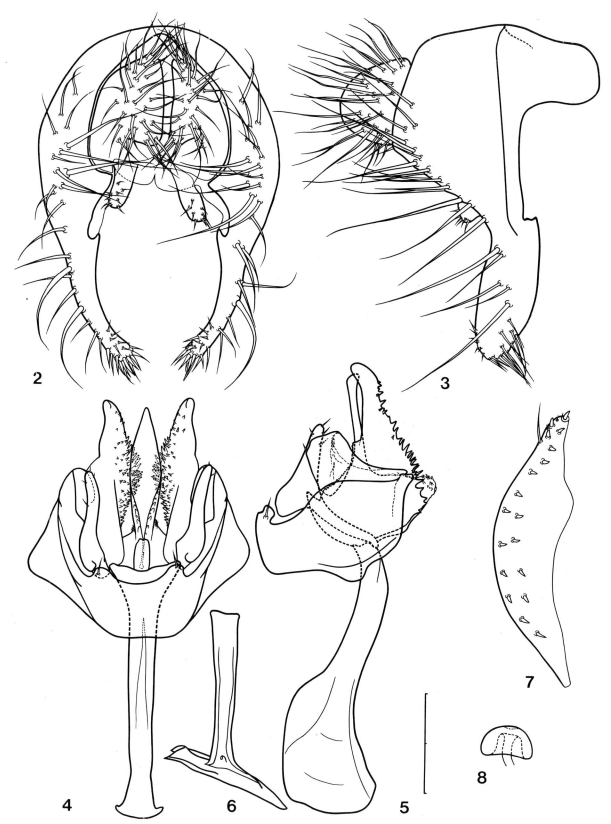

Fig. 2-8. — *Drosophila (Sophophora) kanaka* n. sp. ♂, ♀. 2, épandrium en vue caudale; 3, id. en vue latérale; 4, hypandrium, phallus et organes annexes en vue ventrale; 5, id. en vue latérale; 6, sclérite de la pompe éjaculatrice; 7, ovipositeur en vue latérale; 8, spermathèque. La barre correspond à 0,1 mm.

rement courbée postérieurement. Phallapodème long, élargi dans sa moitié distale en vue latérale. Paramères antérieurs longs, coudés, avec quelques courtes soies dans la partie apicale. Paramères postérieurs très larges à la base, plus longs que le phallus, avec le bord postérieur et la face interne couverts d'un grand nombre de fortes épines ; la partie basale porte une ornementation d'un aspect granuleux.

♀. Semblable au ♂, à l'exception du dernier tergite non entièrement noir, la bande jaune antérieure des tergites n'atteint pas leurs bords latéraux. Sur le bord postérieur des derniers tergites et latéralement existent quelques soies plus fortes et plus longues, nombre de dents $\simeq$ 18. Indices alaires : L:l = 2,4 ; c = 2,1 ; 4v = 2,5 ; 4c = 1,3 ; 5x = 2,7 ; ac = 3,0 ; frange c3 = 58 %.

Ovipositeur étroit, pointu aux deux extrémités, le bord supérieur relativement bien défini formant une bosse dans sa moitié apicale ; une rangée de dents, marginale doublée dans sa moitié antérieure d'une rangée en retrait. Spermathèque hémisphérique.

♂. Longueur du corps : 1,8 mm ; longueur de l'aile : 1,7 mm.

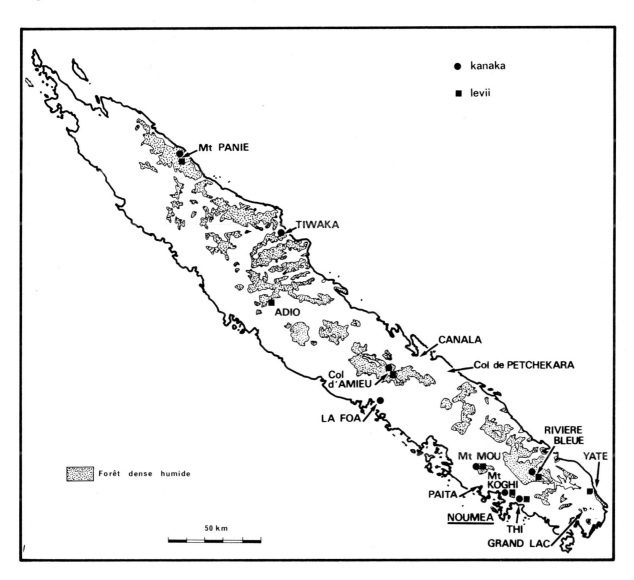

FIG. 9. — Répartition de *Drosophila kanaka* n. sp. et *D. levii* n. sp.

♀. Longueur du corps : 2,0 mm ; longueur de l'aile : 1,6 mm.

Matériel-type : Holotype ♂ : Forêt de la Thi, 150 à 250 m., 23.XI.83. Paratypes : 1 ♂, 1 ♀ : mêmes indications que l'holotype. 2 ♂♂, 3 ♀♀ : Forêt inf. du Mt Mou, 160 à 500 m., bord ruisseau, 16.XI & 6.XII.1983. 1 ♀ : Tiwaka (Poindimié), forêt galerie, 23.XI.83. 2 ♂♂ : Col d'Amieu, 120 m. et 380 à 470 m., 29-30.XI.1983. 2 ♂♂ : Mts Koghi, 500 à 600 m., 15.XI.83. 1 ♂ : Creek de la Pierra (La Foa), 130 m., 4.XII.83. 1 ♂ : Mont Panié, 260 à 360 m., 16.XII.83 (Mis. D. & L. M.). 1 ♂, 6 ♀ : Col d'Amieu, st. 116 a, 430 m., forêt humide, piège Malaise, 17.X.1984 (TILLIER & BOUCHET). 1 ♀ : Rivière Bleue, Parc 6, 160 m., forêt sur alluvion, piège Malaise, 4.VII. 86 (L. BONNET de LARBOGNE & J. CHAZEAU).

Répartition géographique : Nouvelle-Calédonie (fig. 9).

Étymologie : kanaka, autochtone en langage mélanésien.

Localité-type : Forêt de la Thi, 150-250 m.

Drosophila (Sophophora) levii Tsacas n. sp.
(fig. 10-16)

Espèce proche de *D. kanaka* par l'aspect général, elle s'en distingue par les genitalia et ses peignes sexuels plus courts : 1er article 29 dents, 2d article 26 ; la disposition des longues dents en arrière du peigne est la même que chez *kanaka* ; 1er article : 4 à 6 dents ; 2e article : 3-4 dents.

Description : ♂. Tête. Largeur de la tête : largeur du front = 1,96 ; largeur : hauteur du front = 1,25 ; or1:or2 = 2 ; or1:or3 = 0,9 ; œil : joue = 18.

Thorax. Soies scutellaires, a:p = 0,8 ; indice des sternopleurales = 0,7. Indices des ailes, longueur : largeur = 2,6 ; c = 2,4 ; 4v = 2,2 ; 4c = 1,2 ; 5x = 2,1 ; ac = 3 ; frange de c3 = 57 %.

Organes périphalliques. Epandrium étroit recourbé postérieurement en son extrémité avec de très nombreuses fortes soies serrées, sur le bord postérieur une rangée de très longues soies dirigées postérieurement. Plaques anales avec un prolongement ventral. Forceps courts.

Organes phalliques. Hypandrium étroit, échancré en son milieu avec 2 soies submédianes longues et rapprochées. Phallus simple à l'extrémité arrondie. Phallapodème très long à peine élargi à son extrémité. Paramères antérieurs longs coudés avec quelques courtes soies dans la partie apicale. Paramères postérieurs simples à l'exception de la plage interne basale portant une structure ornementale d'un aspect granuleux qui occupe les ⅔ basaux et postérieurs, arrondis à l'apex, plus larges à la base.

♀. Semblable au ♂ à l'exception du dernier tergite non entièrement noir, bande jaune des tergites plus large, n'atteignant pas les bords latéraux ; quelques soies marginales sur les derniers tergites plus longues et plus fortes. Indices alaires : L:l = 2,5 ; c = 2,3, 4v = 2,7 ; 4c = 1,4 ; 5x = 2,3 ; ac = 3,1 ; frange de la c3 = 57 %.

Ovipositeur étroit à bord inférieur arrondi et supérieur bien marqué sur les deux-tiers antérieurs ; une rangée marginale de 12 à 13 dents, les 4 apicales plus longues et dirigées latéralement, la première écartée de la deuxième, et les trois dernières légèrement en retrait du bord ; existe également une dent à la hauteur de la 2de et parfois une autre à la hauteur de la 4e de la rangée marginale, et un groupe de 5 à 7 dents au centre de l'ovipositeur. Spermathèque, semi-sphérique, ridée à l'apex, le reste de sa surface non granuleux.

Longueur du corps : ♂, 2,3 mm ; ♀, 2,6 mm (insectes d'élevage). ♂, 1,5 mm ; ♀, 1,8 mm (insectes pris dans la nature).
Longueur de l'aile : ♂, 2,2 mm ; ♀, 2,6 mm (insectes d'élevage). ♂, 1,4 mm ; ♀, 1,5 mm (insectes pris dans la nature).

Matériel-type : Holotype ♂ : Forêt de la Thi, 150-250 m., 28.XI.83. Paratypes : 7 ♂♂, 2 ♀♀ : mêmes indications que l'holotype. 1 ♂, 2 ♀♀ : Mts Koghi, 500-600 m., 15.XI.83. 2 ♂♂, 1 ♀ : Forêt inf. Mt Mou, 200-250 m., bords ruisseau, 16.XI.83. 5 ♂♂ : Col d'Amieu, 380-470 m., 29.XI.83. 1 ♂ : environs Yaté, forêt côtière, bords ruisseau, 8.XII.83. 2 ♂♂, 1 ♀ : Mont Panié, 260-360 m., 16.XII.83. 1 ♂, 1 ♀ : Adio (Poya), 160 m., 13.XII.83, bords ruisseau (Mis. D. & L. M.). 1 ♀ : Col d'Amieu, 11-14.III.86 (J. CHAZEAU). 1 ♀ : Col d'Amieu, St. 116 a, 430 m.,

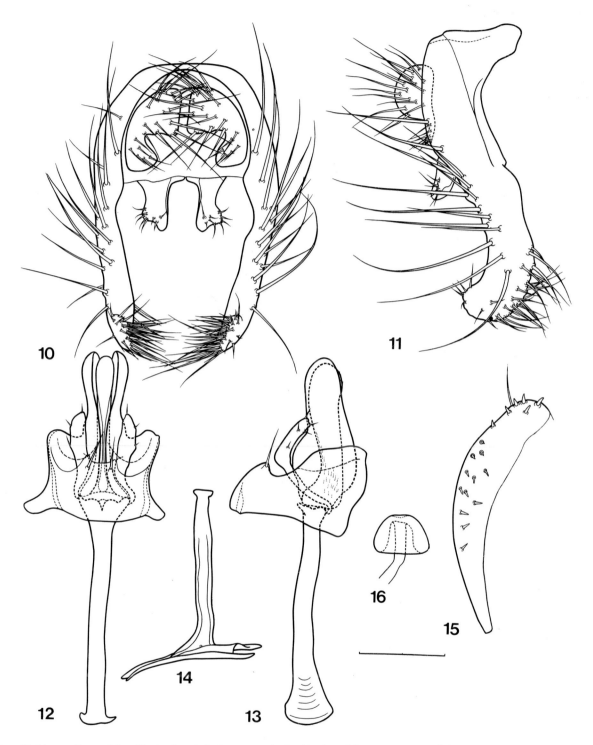

FIG. 10-16. — *Drosophila (Sophophora) levii* n. sp. ♂, ♀. 10, épandrium en vue caudale ; 11, id. en vue latérale ; 12, hypandrium, phallus et organes annexes en vue ventrale ; 13, id. en vue latérale ; 14, sclérite de la pompe éjaculatrice ; 15, ovipositeur en vue latérale ; 16, spermathèque. La barre correspond à 0,1 mm.

forêt humide, piège Malaise, 27.X.84. 1 ♀ : Mont Mou, st. 131 a, 350 m., forêt humide, 4.XI.84 (TILLIER & BOUCHET). 3 ♀♀ : Rivière Bleue, parc. 7, 170 m., forêt humide sur pente, piège Malaise, 8-25.XII.86. 1 ♂, 2 ♀♀ : Rivière Bleue, parc. 5, 150 m., forêt humide sur alluvion, piège Malaise, 14.VIII-1.IX.1986. 1 ♂, 14 ♀♀ : id. mais 18.VII-1.VIII.86 (L. BONNET de LARBOGNE, J. CHAZEAU & A. & S. TILLIER). 20 ♂♂, 20 ♀♀ : Nouvelle-Calédonie, sans localité précise, IV-1987, ex souche n° 276 du Laboratoire de B.G.E. de Gif (S. TILLIER).

Localité-type : Forêt de la Thi, 150-250 m.

Répartition géographique : Nouvelle-Calédonie (fig. 9).

Étymologie : Dédiée très amicalement à Claude LÉVI, Professeur au Muséum.

Discussion : cette espèce se rapproche de *D. gorokaensis* OKADA et CARSON de Nouvelle-Guinée par la structure des genitalia. Elle s'élève sur milieu classique pour Drosophiles.

Sous-groupe *melanogaster*

Drosophila (Sophophora) melanogaster
MEIGEN, 1830
Drosophila (Sophophora) simulans
STURTEVANT, 1919.

Ces deux espèces cosmopolites ont été récoltées à plusieurs reprises dans différentes localités, une étude génétique de ces populations est en cours (J. R. DAVID, comm. pers.).

Sous-groupe *montium*

Drosophila (Sophophora) kikkawai
BURLA, 1954

Citée par OKADA (1983) mais non retrouvée dans le matériel examiné.

Répartition géographique : Très large répartition, cinq régions biogéographiques, pourrait être qualifiée de circumtropicale malgré le fait qu'en Asie elle s'avance dans la région paléarctique (LEMEUNIER *et al.*, 1986, fig. 6).

Drosophila (Sophophora) serrata
MALLOCH, 1927

Matériel examiné : 8 ♂♂, 2 ♀♀ : Adio (Poya), 160 m., 13.XII.83. 4 ♂♂, 2 ♀♀ : Forêt d'Adio (Poya), 160 m., 11-13.XI.83. 2 ♂♂, 1 ♀ : Col d'Amieu, 380-470 m., 29.XI.83. 2 ♂♂, 2 ♀♀ : Monts Koghi, 500-600 m., 15.XI.83. 2 ♂♂, 1 ♀ : Route de Canala, après Col d'Amieu, 300-350 m., bords ruisseau, 12.XII.83. 1 ♂ : Forêt de la Thi, 150-250 m., 23.XI.83. 1 ♂, 1 ♀ : Col de Petchecara, 400 m., 1.XII.83. 1 ♂, 2 ♀♀ : Creek de Pierra (La Foa), 130 m., 4.XII.83. 3 ♂♂, 1 ♀ : Forêt de la Thi, 150-250 m., bord ruisseau, 28.XI et 7.XII.83. 2 ♂♂, 3♀♀ : Tiwaka (Poindimié), forêt galerie, 20 m., 21.XI.83. 2 ♂♂ : Hienghène, 510 m., 25.XI.83. 1 ♀ : Mont Panié, 260-360 m., forêt, 11.XII.83 (MIS. D. & L. M.). 1 ♂, 2 ♀♀ : Sud du Grand Lac, forêt humide, 280 m., st. 238, 21.XI.84, 1 ♂ : Pointe du Cagou, baie de Neumeni, 30 m., forêt humide, st. 213, 5-8.XI.84 (TILLIER & BOUCHET). 3 ♀♀ : Col d'Amieu, 430 m., 11-14.III.1986 (J. CHAZEAU). 3 ♂♂, 2 ♀♀ ; Rivière Bleue, Parc 5, 150 m., forêt humide sur alluvions, piège Malaise, 18.VII-1.VIII.1986. 1 ♂, 4 ♀♀ : id. 14.VIII-1.IX.1986 (L. BONNET de LARBOGNE, J. CHAZEAU & A. & S. TILLIER).

Répartition géographique : Australie, Nouvelle-Guinée, Lord Howe Is., Christmas Is. (Océan Indien) ; Nouvelle-Calédonie, nouvelle localité (fig. 1).

DISCUSSION

Il n'est pas possible de tirer des conclusions sur l'origine et la biogéographie des Drosophilidae de Nouvelle-Calédonie sur la base des données exposées plus haut. L'étude de l'ensemble de la famille permettra sans doute de mieux comprendre les problèmes posés par cette faune. Cependant il est nécessaire de mettre en évidence et commenter quelques faits de la présente étude.

Le fait le plus marquant est certainement la présence de deux espèces endémiques du sous-groupe *ficusphila*. Il s'agit d'une introduction, probablement à partir de Nouvelle-Guinée, et suffisamment ancienne pour donner naissance à deux espèces. La grande affinité de ces deux espèces calédoniennes entre elles corrobore l'hypothèse d'introduction unique. L'absence d'autres endémiques du groupe *melanogaster* suggère que le représentant du sous-groupe *ficusphila* est arrivé le premier dans une île où il y avait encore une place non occupée.

La présence dans l'île de *D. atripex*, comme il a été déjà dit, est assez surprenante et mérite une étude approfondie de cette population. *D. serrata* a peuplé de vastes régions d'Australie (du Queensland à Victoria, et le Nord-Ouest), de Nouvelle-Guinée et les îles Lord Howe et Christmas. Ainsi sa présence en Nouvelle-Calédonie confirme l'aptitude de cette espèce à traverser de longues distances au-dessus de la mer ; elle mérite le qualificatif de colonisatrice. Son introduction en Nouvelle-Calédonie serait récente.

Le nombre d'espèces calédoniennes de *Sophophora* et *Drosophila s. str.* (11 espèces) ne reflète pas la richesse spécifique de la faune de l'île. En effet c'est le sous-genre *Scaptodrosophila* qui y a subi une radiation importante (une douzaine d'espèces). Il fera l'objet de la prochaine publication.

REMERCIEMENTS

Ce travail a été effectué dans le cadre de l'Action spécifique du Muséum national d'Histoire naturelle : Évolution et Vicariance en Nouvelle-Calédonie. Nous remercions ici tous les récolteurs qui nous ont confié le matériel de cette étude, et en particulier MM. Loïc MATILE, Jean CHAZEAU et Annie & Simon TILLIER.

RÉFÉRENCES BIBLIOGRAPHIQUES

BOCK, I. R. & WHEELER, M. R., 1972. — The *Drosophila melanogaster* species group. Univ. Texas Publ. **7213** : 1-102.

HARDY, D. E. & KANESHIRO, K. Y., 1981. — Drosophilidae of Pacific Oceania. pp. 309-347. In ' The Genetics and Biology of *Drosophila* ', M. Ashburner, H. L. Carson & J. N. Thompson, jr. (eds), Volume 3 a. Academic Press, London, New York.

KITAGAWA, O., WAKAHAMA, K. I., FUYAMA, Y., SHIMADA, Y., TAKANASHI, E., HATSUMI, M., UWABO, M. & MITA, Y., 1982. — Genetic studies of the *Drosophila nasuta* subgroup, with notes on distribution and morphology. *Jpn. J. Genet.,* **57** : 113-141.

McEVEY, S. F., DAVID, J. R., & TSACAS, L., 1987. — The *Drosophila ananassae* complex with description of a new species from French Polynesia (Diptera, Drosophilidae). *Ann. Soc. entomol. Fr.,* **23** : 377-385.

LEMEUNIER, F., DAVID, J. R., TSACAS, L. & ASHBURNER, M., 1986. — The *melanogaster* species group.

pp. 147-256. *In* 'The Genetics and Biology of *Drosophila*'. M. Ashburner, H. L., Carson & J. N. Thompson, jr (eds), Volume 3e. Academic Press, London, New York.

OKADA, T., 1954. — Comparative morphology of the Drosophilid flies. I. Phallic organs of the *melanogaster* group. *Kontyû,* **22** : 36-49.

OKADA, T., 1983. — Taxonomic and Faunistic Studies of Drosophilidae, a Result of the 1971-1981 Expeditions, pp. 1-8. *In* 'Report on the overseas scientific expedition for collection of Drosophilid flies, 1971-1982'. The Ministry of Education, Sciences and Culture of Japan, Tokyo.

OKADA, T. & CARSON, H. L., 1982. — Drosophilidae associated with flowers in Papua New Guinea. IV. Araceae, Compositae, Convolvulaceae, Rubiaceae, Leguminosae, Malvaceae. *Kontyû,* **50** : 511-526.

WILSON, F., WHEELER, R. M. HARGET, M. & KAMBYSELLIS, M., 1969. — Cytogenetic relations in the *Drosophila nasuta* subgroup of the *immigrans* group of species. Univ. Texas Publ., **6918** : 207-253.

INDEX SYSTÉMATIQUE

Date de distribution : 23 décembre 1988.

Dépôt légal : décembre 1988.

IMPRIMERIE F. PAILLART — ABBEVILLE

N^o d'impression : 7115
Dépôt légal : 4e trimestre 1988